파스타에 바스타

PASTA E BASTA

BnCworld

파스타에바스타
PASTA E BASTA

Paolo De Maria

파올로 데 마리아 14살에 요리를 시작한 그는 19살에 Instituto Professionale Alberghiero dipinerolo를 졸업하고 본격적인 요리사의 길에 들어섰다. 고향 이탈리아 토리노에서 오너 쉐프로서 Ritorante Paprica와 Ristorante Fefouj를 운영하였으며 이탈리아 각지와 프랑스 파리의 유명 레스토랑 및 호텔에서 요리사로 일했다.

2004년부터 2008년까지 한국의 유명 정통 이탈리아 레스토랑 '보나세라 Buonasera'와 캐주얼 이탈리아 레스토랑 '스타세라 stasera' 총 책임 주방장을 역임 했으며, 현재는 학원 운영과 메뉴 개발 및 요리컨설팅에 전념하고 있다.

ITALY	1982	Ristorante Muraglia Conchiglia d'oro in Savona
	1984	Hotel Gusmay in Foggia
	1985	Hotel Cala di Volpe in Sassari
	1986	Ristorante Cafasso in Torino
	1986	Ristorante Il Porticciolo in Torino
	1989	Hotel Forte Cappellini in Sassari
	1992	Jet Hotel in Torino
	1993	Ristorante Dadais in Torino
	1994	Sport Hotel Monti della luna in Torino
	1994	Grand Hotel in Rimini
	1998	Hotel Concord in Torino
	1998	Ristorante del Cambio in Torino
	2000	Ristorante Brande in Torino
	2000	Sodexho S.p.A in Torino
	2001	Ritorante Paprica in Torino
	2003	Ristorante Fefouj in Torino
FRANCE	1991	Restaurant Le Carpaccio in Paris

멋진 요리솜씨만큼이나 멋진 외모로 한국에 온 지 얼마 되지 않아 푸드채널에서 약 3개월간 이탈리아 요리를 소개하는 프로그램을 맡았고 이탈리아의 국영채널 RAI TV에도 출연했다.

2009 디비노 Divino 오너쉐프, 2008 풀무원 자문 컨설팅,
2008 아리랑 Arirang TV 출연, Cusine Tour/ Healthy Kitchen, 에피소드 18,
2005~2007 SBS '있다 없다'와 KBS '행복한 밥상' 외 다수 출연
2004 '본 조르노 쉐프 12 episodes' 푸드 채널 in Korea
2002 'Gambero Rosso' RAI Channel in ITALY

더 많은 요리 경험을 위해 세계 3대 크루즈 회사 중 하나인 미국 프린세스 크루즈社에 입사해 세계를 누비는 크루즈에서 요리사로 일하기도 했다.

1990	Fair Princess Ship in Princess Cruises
1988	Fairsky Ship in Sitmar Cruises

www.paolodemaria.com
2010년 5월 paolodemaria fine trattoria 오픈
현 IFSE (Italian Food Style Education) 입쎄 코리아 대표쉐프

Photographer **강희갑**

現 광고 전문 스튜디오 콩트 대표
경민 대학 사진과 졸업
국토해양부 혁신도시 유럽 촬영
덴마크 여왕 방한 때 전속 사진 촬영
이천 시립 월전 미술관 소장품 촬영
Amore Pacific, C.P. Company, 모토로라, Samsung Life, SK Communications, 남양 L&F 외 다수 광고 작업
출판물 『The Very Best of Korean Cooking』(2006, Discovery Media)

A Pier Luigi... mio padre

Contents

건강 파스타

특별한 날을 위한 파스타

Prologue

파스타앗슈타란 '파스타 Pasta'와 '물기가 없는'이란 뜻의 형용사 '앗슈토 asciutto'가 합쳐진 말로 소스로 버무린, 국물 없는 파스타를 말한다. 흔히 앗슈토를 빼고 파스타로 통용된다. 이탈리아 인들이 즐겨 먹는 파스타는 소스와 파스타가 함께 어우러져 흘러내리지 않는다.

세계적으로 가장 많이 알려진 이탈리아 요리라면 단연 피자와 파스타이다. 그러나 이탈리아 요리임에도 불구하고 미국식으로 많이 변한 것이 사실이다. 특히 파스타는 소스가 듬뿍 올려진 칼로리가 높은 음식으로 많은 사람들이 인식하고 있다. 세계적으로 알려져 기쁜 반면 파스타가 지닌 고유의 소박하고 건강한 맛이 왜곡된 것같아 실로 안타까울 뿐이다. 오리지널 이탈리아 파스타는 재료들을 최소한으로 조리해 재료의 특성이 그대로 살아있고 지극히 자연스럽다. 이런 파스타의 진정한 고유성을 사람들에게 알리고 싶다.

또한 무엇보다도 이탈리아 요리가 어렵지 않다는 것을 증명하고 싶다. 파스타는 단순한 재료들로 간단히 준비해 빠르게 조리하는 것을 선호한다. 책에 소개된 요리법들은 아주 간단하다. 무엇보다도 준비하기 빠르고 쉬워 평균적으로 20분이면 누구든지 파스타 한 그릇을 만들 수 있다. 모든 파스타를 20분 안에 만들어야 하는 것은 단시간 조리를 통해 각각의 재료들이 지닌 영양소를 지켜 최상의 상태에서 섭취하기 위함이다. 단지 질 좋은 이탈리아 산 엑스트라 버진 올리브유와 어떤 모양이든 상관없이 파스타, 이 두 가지만 준비해두면 책장을 넘겨가며 시장에서 쉽게 구할 수 있는 다른 재료들 몇 가지를 첨가해 보기도 좋고 맛있는 파스타를 뚝딱 요리할 수 있을 것이다.

책에 실린 레시피는 모두 90g 분의 파스타로 해 놓았는데 이는 1인분의 파스타로서 가장 이상적인 분량이다. 물론 충분한 양을 원하는 경우에는 20g 정도 늘리는 것은 다른 재료와의 비율에서 아무런 문제가 되지 않는다. 혹 파스타를 정찬 메뉴의 한 부분인 프리모 피아또 Primo Piatto로서 다른 요리와 함께 먹는다면 100g의 파스타를 넣어 2인분으로 사용하는 것이 좋다.
파스타를 익힐 때는 충분히 넓은 냄비를 사용해야 한다. 적어도 지름 25cm에 무엇보다 높이 25cm가 되는, 속이 깊은 냄비를 사용한다. 물은 적어도 3L 정도로 충분한 것이 좋다. 물이 끓기 시작하면 물 1L 당 10g의 굵은 소금으로 간을 한 후 파스타를 넣는다. 파스타 삶을 물에 다른 야채를 먼저 익힐 때도 마찬가지로 끓기 시작하면 소금으로 간하고 재료를 넣는다.

레서피에 제시된 파스타 조리 시간은 널리 알려진 일명 '알 덴테'라 불리는 정도로 익히기 위한 것이다. 알 덴테로 조리된 파스타란 면을 씹었을 때, 지나치게 푹 익은 느낌이 아니라 파스타 내부의 심이 살짝 딱딱하게 남는 것을 의미한다. 이는 이미 파스타가 가진 모든 영양소를 그대로 유지하면서 파스타를 먹을 수 있는 최상의 형태로 입증되었기 때문에 권장하고 싶다. 만약 지나치게 익었다면, 익는 동안 물에 영양소가 다 녹아 남아 있지 않을 것이다. 그러나 음식이라는 것은 개인의 입맛에 맞는 것이 가장 중요하므로 파스타를 덜 익혀 먹는다거나 더 익혀 먹는 것을 막는 것은 아니다.

마지막으로 이 책으로 인해 많은 사람들이 파스타를 만들며 요리를 즐기고 사랑하는 사람들과 함께 감동을 나누었으면 한다.

Paolo De Maria

italian food

요리사란 직업으로 살아온 지 벌써 25년째가 되어간다. 처음 이 일을 시작할 때만 해도 이탈리아 요리가 이렇게 세계적으로 유명하게 되리라고는 상상도 못했었다. 지금은 유럽은 물론이고 아메리카, 아시아, 아프리카 대륙까지 이제는 오히려 이탈리아 레스토랑이 없는 곳을 찾기가 어려울 정도이다. 파스타와 피자, 에스프레소와 카푸치노는 이탈리아 음식이 아닌 세계 공통의 음식이라고 해도 부족함이 없을 정도로 어디에서나 쉽게 만날 수 있다. 특히 내가 이탈리아 요리가 세계적으로 인정받고 있고 있음을 절실히 느낀 것은 한국에 도착했을 때였다. 2004년 내가 한국에 왔을 당시, 서울에서만 이탈리아 스타일이라고 불리던 레스토랑이 500여 개가 넘을 정도였다. 한 나라의 음식이 이렇게 많이 재생산되고 있음에 놀라움과 자긍심을 동시에 느꼈다. 또한 이렇게 확대된 내 조국의 음식에 대한 책임감도 느꼈다.

이탈리아 요리의 성공은 맛과 영양적 요소에 있다. 이탈리아 요리는 맛있다. 어느 누가 맛보아도 선명하고 매혹적인 맛이다. 또한 영양학 적으로도 우수하다. 올리브유가 듬뿍 들어가거나 재료를 있는 그대로 조리하는 것 등 이탈리아 요리법은 가볍고 건강에 좋다. 인체에 필요한 에너지를 충분히 공급하고 영양소를 고르게 섭취할 수 있게 만든다.

이탈리아 요리를 크게 지중해식 요리라고도 말할 수 있는데 유럽 대륙 요리와 지중해식 요리가 구분되는 점은 바로 재료이다. 유럽 대륙의 요리는 육류와 동물성 지방을 기본으로 즉, 소고기와 버터를 기본으로 하는 음식 섭취를 선호해 온 반면 지중해 요리는 생선과 올리브유가 많이 사용된다. 지중해식 요리는 의외로 많은 양의 지방을 섭취하게 한다. 그럼에도 불구하고 비슷한 양의 동물성 지방을 섭취하는 사람들에 비해 심장 맥 관련 질병 발생률이 낮다. 이는 지방의 대부분을 올리브유로 섭취하기 때문이다. 올리브유는 부분적으로 동물성 지방을 균형 잡히게 해주며 혈액 내 콜레스테롤의 수치를 낮춰 준다. 또한 이와 함께 토마토와 지중해 감귤류(레몬, 오렌지)를 충분히 사용하기 때문에 비타민이 풍부하다. 이탈리아 요리의 필수재료인 올리브유, 토마토, 파스타, 치즈가 세계보건기구에서 인체에 필요한 균형 잡힌 영양 공급을 도와주는 식품으로 선정된 것은 우연은 아닐 것이다.

이탈리아에서 요리는 문화의 중요한 부분을 차지한다. 요리는 예술이나 관습과 같이 시대와 장소에 따라 함께 변화를 겪어왔다. 고대 에트루리아 시대(기원전 4세기경)의 유적인 체르베테리 Cerveteri 지역의 '그롯따 벨라 Grotta Bella(아름다운 동굴)' 라 불리는 무덤 내부에서는 파스타를 만드는 데 사용되는 밀판, 밀 방망이, 파스타 자르는 도구 등을 그린 부조가 발견되기도 했다. 그만큼 파스타는 이탈리아 요리의 시작이고 가장 오랜 기원을 가졌다고 할 수 있다. 로마 제국 시대에도 지금 사용되고 있는 많은 재료들이 이용되었다. 무엇보다 스페루토 보리(farro), 대맥(orzo), 소맥(grano), 치즈, 생선, 돼지, 양고기(소고기는 비교적 덜 선호되었다)가 쓰였고, 올리브유와 와인 또한 고대 로마인들의 식탁에 빠지지 않았다. 이러한 기본 재료에 더해 동방으로의 제국 확장과 함께 먼 지역에서 들어온 식품들도 함께 먹기 시작했다. 체리 같은 경우 루쿨루스Lucullo(기원전 106-57; 로마의 장군, 식도락가로 알려졌음)가 처음으로 동방에서 들여오기도 했다.

하지만, 이탈리아 요리의 커다란 변화는 신대륙이 발견되고 부터이다. 1492년 이후, 이전에는 전혀 보지 못했던 재료들이 들어오기 시작했는데 바로 감자, 옥수수, 카카오, 커피가 그것이다. 거기에 무엇보다 중요한 토마토가 들어오면서 이탈리아 요리에는 혁명이라고 할 수 있을 정도의 큰 변화가 일어났다. 토마토는 지중해성 기후와 잘 맞아 떨어져 특히 이탈리아 남부 요리의 주 재료가 되었고 이 때부터 파스타와 토마토가 결합되어 발전하기 시작했다. 이러한 변화 중에 나폴리 피자가 탄생했다. 1500년대에 나폴리 Napoli 인근 작은 시골 마을 그라냐노 Gragnano에서 최초로 파스타 제조소가 만들어졌으며 1800년대에는 파스타 생산지로 유명하게 되었다. 지금은 흔하게 먹는 마카로니 생산지로도 유명하다.

이탈리아는 20개의 주로 나누어져 있다. 요리가 각 주를 대표하는 문화의 큰 부분을 차지하며 아주 다양하게 나타난다. 같은 주 내의 지역간에도 완전히 다른 독립적인 요리들이 존재하는 경우도 허다하다. 이탈리아 북부의 피에몬테 주의 요리가 이탈리아 남부 시칠리아의 것과 얼마나 큰 차이가 있는지 쉽게 상상할 수 있을 것이다. 피에몬테의 요리는 프랑스 요리의 영향을 많이 받아 쌀, 육류, 유제품(특히 치즈)을 많이 사용한다. 그에 반해 시칠리아의 경우 아프리카의 영향을 많이 받아 쿠스쿠스(밀을 쪄 고기와 야채를 곁들인 북 아프리카의 향토음식)도 쉽게 찾아볼 수 있고 지중해성 기후로 인해 과일과 야채가 풍부해 주로 생선, 토마토, 감귤류, 올리브로 구성된 식단을 이루게 되었다.

이 두 곳만 해도 이렇게 큰 차이가 나는데 이탈리아 전역에는 얼마나 다양한 요리와 독특함이 존재하는지 이탈리아인인 나조차도 짐작하기 힘들 정도이다. 거기에 유명 이탈리아 쉐프들이 자신의 기량을 발휘해 각 지역의 요리를 기초로 한 고유의 레서피를 만들어 낸 점을 고려한다면 그 어마어마한 깊이와 폭을 짐작하기 어렵지만 그 맛을 상상하는 것만으로도 큰 즐거움이다.

다양한 파스타 종류

1 Ziti 지띠
2 Penne 펜네
3 Spaghetti 스파게티
4,5 Tagliatelle 딸리아뗄레
6 Lumache 루마께
7 Paccheri 빳께리
8 Capelli d' angelo 카뻴리 단젤로
9 Pasta zoo 동물 모양 파스타
10 Pennoni 펜노니
11 Beet flavored straccetti
 비트 스뜨랏쳇띠
12 Fettuccine 페투치네
13 Black Fettuccine 검은 페투치네
14 Spelt spaghetti 보리 스파게티
15 Linguine 링귀네
16 Alphabet pasta 알파벳 파스타
17 Pappardelle 빠빠르델레
18 Rigatoni 리가토니
19 Straccetti 스뜨랏쳇띠
20 Safron flavored Tagliatelle
 샤프란맛의 딸리아뗄레
21 Sedanini 세다니니
22 Trenette 뜨레넷떼
23 Porcini flavored stracci
 포르치니 버섯향이 배인 스트랏치
24 Tagliolini 딸리올리니
25 Orecchiette 오렛끼엣떼
26 Green Fusilli 녹색 푸실리
27 Ruotine 루오띠네
28 Cacao flavored Penne
 카카오맛의 펜네
29 Chilli flavored Linguine
 고추맛 링귀네
30 Strozzapreti 스뜨롯짜쁘레띠
31 Bucatini 부까띠니
32 Fettuccine 페투치네
33 Maltagliati 말딸리아띠
34 Reginette 레지넷떼
35 Red and white heart-shaped
 pasta 하트 모양 파스타
36 Balsamic flavored Tagliatelle
 발사믹 식초맛의 딸리아뗄레

이탈리안 파스타

1

오랜 세월 이탈리아인들이 먹어 왔고 전 세계적으로도 잘 알려진 파스타이다. 특히 한 국인들에게 사랑 받는 메뉴이기도 하다. 레스토랑에서 특히 주문하는 파스타를 집에서 도 만들어 보자. 생각만큼 어렵지 않아 깜짝 놀라게 될 것이고 맛있게 만들어져 한 번 더 놀라게 될 것이다.

내 아버지는 내가 생각할 수 있는 최고의 아마추어 요리사였다. 아버지가 요리를 할 때면 부엌에 가득 찼던 믿을 수 없을 정도의 풍미와 향기가 지금도 떠오른다. 그리고 그것은 여전히 나에게 자극이 되곤 한다. 아버지가 요리하는 모습을 부러워하고 아버지처럼 능숙한 손놀림으로 요리해보고 싶었던 것이 10살쯤이었다. 그렇지만 어린 나에게 칼과 불은 너무 위험한 것이어서 실제로 부엌에서 칼을 잡을 수 있게 허락된 것은 13살이었다. 그때 처음으로 만든 요리가 알리오 올리오 페페론치노 Aglio Olio e Peperoncino(마늘과 고추, 올리브유로만 만드는 파스타)이다. 이탈리아에서 많은 사람들이 처음 요리를 시작하며 만드는 것인데 나도 그 파스타를 처음으로 만들었었다. 내 기억으론 고추를 너무 많이 넣어 먹기 어려울 정도였지만 부모님은 맛있다고 손을 치켜세우며 나를 북돋아 주셨다. 이 후 점점 손이 더 가고 어려운 레시피의 파스타도 만들어 보며 재미를 느꼈지만 이런 요리에 대한 열정이 하나의 직업이 될 수 있다는 생각을 그때는 미처 하지 못했었다. 단지 우리 가족을 위해 만들고 맛있게 먹는 것이 전부였다. 특히 나에게 있어 중요했던 것은 언제나 가장 까다로운 기준이었던 아버지에게 나의 요리를 보여주고 합격점을 받는 것이었다.

야채 파르팔레 아를렛끼노 파스타
Farfalle Arlecchino all'ortolana

아버지가 자주 만들어 주시던 파스타로 집 앞 정원에서 키우는 신선한 야채를 툭툭 따 만드는 수수하고 소박한 요리이다. 재료에 구애받지 않고 제철 야채를 이용해 만들 수 있는 것이 장점이다. 야채를 씹었을 때 아삭아삭한 느낌이 나도록 너무 많이 익히지 않는 것이 좋다. 아를렛끼노는 희극 광대가 입는 알록달록한 옷으로 이 단어가 파스타에 쓰이면 다양한 색의 파스타를 의미한다.

1인분 재료	만드는 과정

1인분 재료

세 가지 색의 파르팔레*(면) 90g
물(삶는 용) 3ℓ
소금(삶는 용) 30g
방울토마토 60g
셜롯*(작은 양파) 1개
붉은 파프리카 70g
돼지호박 70g
가지 60g
엑스트라 버진 올리브유 100ml
신선한 바질*(허브) 10g
소금, 후추 적당량

만드는 과정

1 방울토마토는 4등분하고 셜롯은 잘게 다진다.
2 파프리카, 돼지호박, 가지를 사방 1cm로 깍둑썰기한다.
3 프라이팬에 올리브유 1/2을 두르고 파프리카, 돼지호박, 가지를 각각 따로 넣어 볶는다. 바삭하게 튀기듯 볶은 다음 키친타월 위에 올려 기름을 뺀다.
4 끓는 물에 소금을 넣고 파르팔레를 9분간 삶는다.
5 야채 볶은 팬에 나머지 올리브유 1/2을 두르고 셜롯을 볶은 다음 방울토마토를 넣어 그대로 약 2분간 익힌다.
6 여기에 3을 넣고 모든 재료들의 맛이 고루 배도록 하되 바삭한 상태를 유지하도록 주의하며 약 1분간 더 익힌다.
7 소금과 후추로 간하고 익힌 면을 건져 팬에 넣는다.
8 바질 한 잎을 남기고 나머지는 채 썰어 넣은 다음 올리브유(분량 외)를 조금 두른 후 몇 초간 센 불에서 팬을 앞뒤로 흔들어 잘 섞는다.
9 그릇에 남겨둔 바질 잎으로 장식한다.

봉골레
Spaghetti di Gragnano alle vongole

14살에 처음 만들어 본 파스타로 리구리아Liguria 지역의 해안가에서 일할 때 자주 요리하곤 했다. 이탈리아에는 수천 마일에 달하는 해안가가 있기 때문에 모시조개와 홍합은 이탈리아 음식에서 빼놓을 수 없는 재료이다. 특히 리구리아 지역의 해산물은 맛있기로 유명하다. 모시조개는 살아있는 것을 사용해야 할 뿐 아니라 싱싱하게 생명력을 유지하고 있는 것이 좋다. 벌어져 있는 조개의 입을 손가락으로 살짝 건드렸을 때 바로 입을 닫아버리는 것이 싱싱한 것이다.

1인분 재료

그라냐노gragnano* 지역의
스파게티(면) 90g
물(삶는 용) 3ℓ
소금(삶는 용) 30g
모시조개 15개
마늘 2쪽
잘 익은 토마토 1개
이태리 파슬리*(파슬리) 10g
엑스트라 버진 올리브유 100ml
(기호에 따라)마른 고추 약간

만드는 과정

1 살아 있는 모시조개를 잘 씻어 두 시간 정도 찬물에 담가 해감을 토하게 한다.
2 마늘 한 쪽은 잘게 다지고 한 쪽은 으깬다.
3 이태리 파슬리는 두 줄기만 남기고 나머지는 잘게 다진다.
4 토마토는 끓는 물에 살짝 데쳐 껍질을 벗기고 씨를 제거한 후 사방 0.5cm의 주사위 모양으로 자른다.
5 팬에 올리브유 50ml, 으깬 마늘, 이태리 파슬리 두 줄기를 넣고 센 불에 몇 초간 볶은 후, 조개를 넣고 바로 팬 뚜껑을 덮어 약한 불에서 약 2분간 조개 입이 열리도록 익힌다.
6 조개 입이 모두 열리면, 조개를 건져내고 5를 촘촘한 망으로 걸러 육수를 낸다.
7 건져낸 조개 중 반만 살을 발라낸다.
8 끓는 물에 소금을 넣고 스파게티 면을 약 9분간 삶는다.
9 프라이팬에 올리브유 30ml, 다진 마늘, 다진 이태리 파슬리 1/2을 넣고 약한 불에서 볶는다.
10 9에 살을 발라낸 조개와 껍질이 있는 조개를 함께 넣어 젓는다. 이때, 매운맛을 원하면 마른 고추를 넣어 같이 저어준다.
11 6의 조개 육수를 10에 붓고 끓으면 불을 낮추어 약한 불에서 소스의 농도가 좀 더 진해질 때까지 저어 준다.
12 익힌 면을 건져 넣는다.
13 4의 토마토, 남은 올리브유와 나머지 다진 이태리 파슬리를 넣고 센 불에서 잠시 팬을 앞뒤로 흔들어 잘 섞는다. 이때 이태리 파슬리는 장식용으로 조금 남긴다.
14 그릇에 담고 다진 이태리 파슬리를 뿌린다.

까르보나라

Spaghetti alla carbonara

로마의 번화가인 뜨라스떼베레에서 먹어본 까르보나라는 실크같이 부드럽고 촉촉해 먹어본 까르보나라 중 단연 최고였다. 모든 파스타가 그렇겠지만 특히 까르보나라는 최대한 심플하게, 기본에 충실한 재료로 만드는 것이 최상의 맛을 내는 비결이다.

까르보나라는 라찌오Lazio 지역에서 유래된 파스타로 전통적인 까르보나라에는 몇 가지 필수적인 재료와 독특한 조리법이 사용된다. 한국에서는 같은 재료를 찾기 어렵지만 전해지는 조리법을 설명하자면, 무엇보다 돼지의 볼살 부위를 염장해 만든 관찰레*와 진한 풍미의 양젖 치즈가 필요하다. 또한 생크림 대신 동일한 양의 파스타 삶은 물에 달걀노른자, 양젖 치즈 그리고 후추를 넣어 녹인 다음 소스로 사용한다.

1인분 재료

스파게티(면) 90g
물(삶는 용) 3ℓ
소금(삶는 용) 30g
훈제 빤쳇따*(베이컨) 120g
달걀노른자 2개
생크림 100ml
치즈 가루 50g
(파르미쟈노*치즈
혹은 페코리노* 치즈
혹은 2가지 모두)
후추 적당량

만드는 과정

1 슬라이스한 빤쳇따를 폭 2cm로 넓게 자른다.
2 끓는 물에 소금을 넣고 스파게티 면을 약 9분간 삶는다.
3 볼에 달걀노른자와 치즈 가루, 생크림, 충분한 양의 후추를 넣고 거품기로 잘 섞는다.
4 뜨겁게 달군 팬에 슬라이스한 빤쳇따를 넣고 노릇노릇하고 바삭하게 굽는다.
5 익힌 면을 건져 넣고 살짝 섞은 후 3을 부어 센 불에서 익힌다.
6 부드러운 크림 상태가 될 때까지 센 불에서 팬을 앞뒤로 흔들어 잘 섞는다.
7 그릇에 담아 후추를 살짝 뿌린다.

알리오 올리오 고추 링귀네
Linguine di peperoncino all' aglio e olio

친구들과의 멋진 저녁 시간을 마무리하는 파스타이다. 그래서 이탈리아에서는 일명 '자정 파스타Midnight pasta' 라고 불린다. 늦은 밤, 헤어질 시간이 다가왔을 때 친구 중 누군가가 "우리 집에 가서 파스타 만들어 먹지 않을래?" 라고 묻는다면 바로 이 파스타를 가리키는 말이다. 아무리 자정이 가까운 시간이라도 거절하기 어려운 유혹이다. 올리브 오일, 마늘, 붉은 고추만으로 정말 쉽고 빠르게 만들 수 있는 파스타이다. 스파게티 면으로 만든 알리오 올리오 페페론치노가 널리 알려져 있지만 맛이 더 매워지지 않으면서도 고추의 매콤함을 강조해 보고 싶어 고추 맛 링귀네 면을 사용했다.

1인분 재료

고추맛 링귀네*(면) 90g
물(삶는 용) 3ℓ
소금(삶는 용) 30g
마늘 3쪽
홍고추 1개
엑스트라 버진 올리브유 100ml
이태리 파슬리*(파슬리) 5g
소금 적당량

만드는 과정

1 끓는 물에 소금을 넣고 링귀네를 9분간 삶는다.
2 마늘은 아주 얇게 슬라이스하고 홍고추는 고리 모양으로 얇게 자른다.
3 이태리 파슬리를 곱게 다진다.
4 팬에 올리브유를 전부 두르고 소금을 조금 넣는다.
5 약한 불에 1분 정도 살짝 데운 후 슬라이스해 둔 마늘과 고추를 첨가해 타지 않도록 주의하면서 2분 정도 살짝 튀기듯 볶는다.
6 파스타 삶은 물을 2스푼 정도 넣어 마늘이 너무 많이 익는 것을 막는다.
7 익힌 면을 건져 팬에 넣고 면에 올리브유가 완전히 혼합되도록 몇 초간 팬을 앞뒤로 흔들어 잘 섞는다.
8 그릇에 담아 다진 이태리 파슬리를 뿌린다.

갑오징어 먹물 리가또니

Rigatoni alle seppie col loro nero

우아하고 유혹적인 검은 빛의 파스타로 신선한 갑오징어를 사용하는 것이 중요하다.
그렇지만 한국에서는 살아 있는 투명한 색의 갑오징어를 찾기가 어려워 애를 먹었었는데 아내와 우연히 들른 서해
안의 한 어시장에서 살아 있는 갑오징어를 발견했다. 덕분에 바로 파스타를 만들어 사진을 찍을 수 있었다. 이후 내
가 일하는 레스토랑에 이 메뉴를 선보이면서 직원들이 살아 있는 갑오징어를 구하지 못해 쩔쩔매고 있을 때, 아내가
어딘가에 적어두었던 그 어시장에 전화 주문을 해 무사히 갑오징어 먹물 리가또니를 선보일 수 있었다.

1인분 재료

리가또니*(면) 90g
물(삶는 용) 3ℓ
소금(삶는 용) 30g
150-200g 정도의 신선한
갑오징어 1마리
셜롯*(작은 양파) 1개
방울토마토 60g
엑스트라 버진 올리브유 50ml
드라이한 화이트 와인 100ml
마조람*(허브) 5g
이태리 파슬리*(파슬리) 5g
소금, 후추 적당량

만드는 과정

1 셜롯과 이태리 파슬리는 곱게 다진다.
2 마조람은 잎을 떼어 내고 방울토마토는 4등분한다.
3 끓는 물에 소금을 넣고 리가또니를 11~12분간 삶는다.
4 팬에 올리브유를 두르고 1의 다진 셜롯과 이태리 파슬리를 넣어 센 불에서 투명한 금빛
이 되도록 볶는다.
5 손질한 갑오징어와 토마토를 함께 넣어 센 불에서 2분 정도 저어주며 익힌다.
6 화이트 와인을 붓고 2분 정도 졸인다.
7 준비해 둔 먹물 주머니를 넣고 숟가락으로 터트린 후 잘 섞는다.
8 소금과 후추로 간을 하고 약한 불에서 3분 정도 더 끓인다. 이때, 필요하다면 파스타 삶
은 물을 조금 넣어 소스의 농도를 조절한다.
9 익힌 면을 건져 팬에 넣고 센 불에서 파스타가 완전히 검은 색이 될 때까지 팬을 앞뒤로
흔들어 잘 섞는다.
10 그릇에 담고 2의 마조람 잎을 뿌린다.

갑오징어 손질

갑오징어는 흐르는 찬물에 씻어 몸통을 가위로 반 갈라 펴준다. 다리와 연결되어 있는 내장을
다리와 함께 떼어낸 후 몸통을 반으로 잘라 내부에 있는 뼈를 제거하고 껍질을 벗긴다. 내장 아
래쪽에 있는 먹물 주머니는 터지지 않도록 조심스레 분리해 작은 그릇에 담아두고 내장은 가위
로 잘라낸다. 몸통은 폭 1cm로 썰고 다리는 2~3등분 한다.

샐러드 스파게티
Spaghetti alla crudaiola

잘 익은 토마토와 바질이 많이 나오는 여름철에 즐겨먹는 간단하고 시원한 파스타다.
이탈리아에서는 샐러드에도 종종 파스타 면을 넣어 먹는데, 이럴 때는 푸실리나 펜네 등의 짧은 면이 잘 어울린다.
시칠리아에서는 과일과 얼음을 갈아 만든 그라니따에 파스타를 넣어 먹기도 하는데, 특히 딸기나 블루베리를 넣은
새콤한 그라니따와 궁합이 잘 맞는다. 이탈리아에서 그라니따가 처음 만들어진 곳은 시칠리아의 에리체로 여행 도
중 들른 그 곳의 그라니따가 너무나 맛있어 아내와 나, 둘 다 연거푸 몇 잔을 들이킨 기억이 있다.

1인분 재료	만드는 과정
스파게티(면) 90g	1 방울토마토는 4등분하고 마늘은 잘게 다진다.
물(삶는 용) 3ℓ	2 장식용 바질을 남기고 나머지는 가늘게 채 썬다.
소금(삶는 용) 30g	3 끓는 물에 소금을 넣고 스파게티를 약 9분간 삶는다.
방울토마토 120g	4 볼에 방울토마토, 채 썬 바질, 다진 마늘, 올리브유를 넣고 소금, 후추로 간한다.
마늘 1쪽	5 팬에 4를 넣어 약 3분간 센 불에서 졸이듯이 익힌다.
엑스트라 버진 올리브유 50ml	6 익힌 면을 건져 5의 팬에 넣고 불을 끈 상태에서 팬을 앞뒤로 흔들어 잘 섞는다.
신선한 바질*(허브) 15g	7 그릇에 담아 바질 잎으로 장식한다.
소금, 후추 적당량	

제노바식 페스토로 맛을 낸 뜨레넷떼

Trenette al pesto genovese

나에게 이탈리아를 가장 생각나게 하는 파스타이기도 하고 좋아하는 파스타 가운데 하나이기도 하다. 페스토에 들어가는 재료를 익히지 않기 때문에 신선하고 좋은 재료로 만드는 것이 맛의 비결이다. 다른 재료 없이 삶은 파스타 면을 페스토와 섞어 먹는 것이 일반적이지만 제노바에서는 전통적으로 껍질을 벗긴 감자와 줄기 콩을 넣어 만든다.

1인분 재료

- 뜨레넷떼*(면) 90g
- 물(삶는 용) 3ℓ
- 소금(삶는 용) 30g
- 줄기 콩 40g
- 감자 40g
- 신선한 바질*(허브) 30g
- 엑스트라 버진 올리브유 100ml
- 마늘 1쪽
- 잣 10g
- 파르미쟈노* 치즈 간 것 40g
- 페코리노* 치즈 (양젖 치즈) 가루 5g
- 소금, 후추 적당량

만드는 과정

1 감자는 껍질을 벗겨 길이 3cm, 폭 1cm의 막대 모양으로 썬다.

2 줄기 콩은 길이 3cm로 썬다.

3 끓는 물에 소금을 넣고 뜨레넷떼를 넣은 후 3분이 지나면 1의 감자를 넣는다. 다시 3분이 지나면 2의 껍질 콩을 넣고 3분간 익힌다.

4 푸드 프로세서나 믹서에 올리브유 1/2과 심을 제거한 마늘, 잣을 넣고 간다. 적당히 갈아지면 바질을 넣고 나머지 올리브유를 조금씩 넣어가며 간다.

5 4에 파르미쟈노와 페코리노 치즈 가루를 넣고 조금 더 갈아 모든 재료들이 잘 섞이면, 페스토의 색이 변하지 않도록 믹서의 용기를 얼음이 담긴 볼에 넣어 둔다.

6 5의 페스토에 소금과 후추로 간을 한다.

7 팬에 바질 페스토 1/2을 넣고 3의 뜨레넷떼와 야채를 건져 넣는다.

8 불을 끈 상태에서 팬을 앞뒤로 흔들어 잘 섞는다.

9 나머지 바질 페스토 1/2을 넣고 잘 섞는다.

10 그릇에 담아 통잣(분량 외)과 바질 잎으로 장식한다.

아마트리치아나
Bucatini all' amatriciana

부까띠니는 얼핏 보면 스파게티 면처럼 보이지만 가운데 구멍이 나 있는 막대모양의 면이다. 씹히는 질감이 좋아 즐겨 사용하는 파스타이다. 빤쳇따와는 최고의 궁합을 자랑하고 매운 맛과도 조화가 잘 되기 때문에 이 레서피에 고추를 첨가해도 좋다. 이 때 고추는 이탈리아 고추인 페페론치노를 쓰면 좋겠지만 한국의 고추를 사용해도 칼칼한 맛이 잘 어울린다. 또한 이런 매운 맛에는 보통 두꺼운 면보다는 스파게티와 같이 얇은 면이 더 좋다.

1인분 재료

부까띠니*(면) 90g
물(삶는 용) 3ℓ
소금(삶는 용) 30g
훈제 빤쳇따*(베이컨) 60g
양파 40g
방울토마토 140g
고추 적당량
엑스트라 버진 올리브유 30㎖
신선한 바질*(허브) 10g
소금, 후추 적당량

만드는 과정

1 양파, 빤쳇따, 장식용 바질을 제외한 나머지 바질을 가늘게 채 썬다.
2 방울토마토는 4등분한다.
3 팬에 올리브유 1/2을 두르고 채 썬 양파를 먼저 볶다가 채 썬 빤쳇따를 넣어 볶는다.
4 3에 고추를 넣어 맛을 우려낸 후 방울토마토를 넣어 약한 불에서 8분간 끓인다.
5 끓는 물에 소금을 넣고 부까띠니를 약 12분간 삶는다.
6 익힌 면을 건져 4의 팬에 넣고 나머지 올리브유와 채 썬 바질을 넣은 다음 센 불에서 팬을 앞뒤로 흔들어 잘 섞는다.
7 그릇에 담아 바질 잎으로 장식한다.

까쵸까발로 치즈 스파게티
Spaghetti al cacio e pepe

아브루쪼Abruzzo 지방의 전통 요리로 이 지역에서 즐겨먹는 파스타 중 하나이며 이탈리아 동네 어귀에서 흔히 볼 수 있는 소박하고 전통적인 뜨라또리아 스타일이다. 뜨라또리아는 10여 개의 테이블을 갖추고 가정식 요리를 하는 작은 식당으로 수수하지만 정감 있는 곳이 많다. 간단한 준비로 놀라운 맛을 내는 파스타지만 재료가 단순한 만큼 올바른 재료를 사용하는 것이 중요하다. 그렇지 않으면 특별한 맛을 내기가 어렵다. 적어도 8개월 정도 숙성시킨 아브루쪼산 까쵸까발로 치즈, 신선하게 바로 갈아 쓸 수 있는 검은 통 후추와 부드럽고 향이 진한 엑스트라 버진 올리브 오일을 사용하는 것이 관건이다.

1인분 재료

스파게티(면) 90g
물(삶는 용) 3ℓ
소금(삶는 용) 30g
엑스트라 버진 올리브유
100ml
숙성 쁘로볼로네* 치즈
혹은 까쵸까발로* 치즈 100g
통 후추 적당량

만드는 과정

1 끓는 물에 소금을 넣고 스파게티를 약 9분간 삶는다.

2 팬에 올리브유를 넣고 약한 불에서 60℃ 정도로 데운다.

3 2에 스파게티 삶은 물을 한 스푼 넣어 잘 섞는다. 이때, 온도가 너무 높으면 오일이 튀기므로 주의한다.

4 익힌 면을 건져 3에 넣고 후추와 치즈를 듬뿍 갈아 넣는다.(후추의 양은 기호에 맞도록 조절한다)

5 치즈가 녹기 시작할 때까지 센 불에서 몇 초간 팬을 앞뒤로 흔들어 잘 섞는다.

6 그릇에 담아 내 놓기 직전에 충분한 양의 치즈와 후추를 다시 갈아 올린다.

프로슈토와 완두콩으로 맛을 낸 스뜨랏쳇띠
Straccetti rossi alla panna, prosciutto e piselli

3P(생크림 Panna, 프로슈토 Prosciutto, 완두콩 Piselli)라고 불리는 파스타로 생크림으로 버무린 프로슈토와 완두콩이 풍부한 맛을 낸다. 또 이 파스타는 스뜨랏쳇띠의 레드 컬러와 프로슈토의 핑크 컬러, 완두콩의 그린 컬러를 생크림의 화이트 컬러가 감싸 안아 색상이 아주 잘 어울리고 식욕을 돋운다.

1인분 재료
비트 스뜨랏쳇띠*(면) 90g
물(삶는 용) 3ℓ
소금(삶는 용) 30g
익힌 슬라이스 프로슈토* 120g
완두콩 60g
생크림 100㎖
버터 20g
셜롯*(작은 양파) 1개
소금, 후추 적당량

만드는 과정
1 끓는 물에 완두콩을 넣고 3분간 익혀 바로 얼음물에 식힌 다음 물기를 제거한다.
2 셜롯은 곱게 다진다.
3 프로슈토는 곱게 채 썬다.
4 끓는 물에 소금을 넣고 비트 스뜨랏쳇띠를 약 8분간 삶는다.
5 팬에 버터를 넣어 녹이고 2의 셜롯을 투명한 금빛이 되도록 볶는다.
6 5에 채 썬 프로슈토를 넣어 센 불에서 몇 초간 맛이 들도록 볶는다.
7 익힌 완두콩을 넣고 소금과 후추로 간을 한다.
8 생크림을 붓고 끓으면 약한 불에서 소스가 절반 분량으로 줄어들 때까지 4분 정도 졸인다.
9 익힌 면을 건져 8에 넣고 센 불에서 몇 초간 팬을 앞뒤로 흔들어 잘 섞는다. 파스타 삶은 물로 소스의 농도를 조절한다.

해산물로 맛을 낸 검은 페투치네
Fettuccine nere ai frutti di mare

파스타 가운데 가장 인기가 많고 잘 알려진 '해산물 파스타' 는 이탈리아 전역에서 쉽게 만날 수 있는 파스타다. 한국의 김치처럼 비슷하면서도 지역별로 가지각색의 맛을 지니고 있어 이탈리아를 여행할 때 계속 같은 해산물 파스타를 주문해 비교해 보면 재밌는 경험이 될 것이다. 해산물 파스타는 크림소스를 사용하기 보다는 화이트와인 소스나 토마토 소스를 사용하는 게 일반적이다. 취향에 따라 여러 가지 해산물을 넣어 보거나 면을 바꿔 보아도 실패가 적은 파스타다. 개인적으로는 우아한 느낌의 검은 페투치네로 만드는 것을 좋아한다.

1인분 재료
검은 페투치네*(면) 90g
물(삶는 용) 3ℓ
소금(삶는 용) 30g
홍합 4개
바지락 4개
원형으로 자른 오징어 몸통 50g
새우 5개
가리비 3 개
방울토마토 90g
생 바질*(허브) 20g
마늘 2쪽
이태리 파슬리*(파슬리) 10g
엑스트라 버진 올리브유 100ml

만드는 과정
1 마늘 한 쪽을 곱게 다지고 한 쪽은 으깬다.
2 방울토마토는 4등분 하고 이태리 파슬리는 다진다.
3 바질 잎은 가늘게 채 썬다.
4 흐르는 찬물로 홍합과 바지락을 씻는다.
5 팬에 올리브유 35ml를 두르고 1의 으깬 마늘을 넣어 센 불에서 살짝 볶는다.
6 5에 홍합과 바지락을 넣고 뚜껑을 덮어 약한 불에서 조개가 입을 벌릴 때까지 약 3~4분간 익힌다.
7 홍합과 바지락을 건지고 6을 촘촘한 망으로 걸러 육수를 낸다.
8 끓는 물에 소금을 넣고 검은 페투치네를 약 9분간 삶는다.
9 팬에 올리브유 35ml를 두르고 1의 다진 마늘과 다진 이태리 파슬리를 살짝 볶는다.
10 9에 손질한 오징어, 새우, 가리비와 익힌 홍합, 바지락을 넣어 잘 섞는다.
11 방울토마토를 넣고 조개 육수를 붓는다. 소스가 부족하다면 파스타 삶은 물을 넣어주어도 좋다. 약한 불에서 4~5분간 익힌다.
12 익힌 면을 건져 팬에 넣고 올리브유 30ml와 바질을 넣어 센 불에서 팬을 앞뒤로 흔들어 잘 섞는다.
13 그릇에 담아 바질 잎으로 장식 한다.

뿌따네스까 스타일 스파게티
Spaghetti alla puttanesca

'뿌따네스까' 는 이태리어로 '매춘부식' 이라는 의미를 가진다. 파스타의 이름으로는 조금 특이한데 그 어원에는 여러 설이 있다. 그 중, 나폴리Napoli 내 매춘가에서 주인이 빠르고 쉽게 준비할 수 있는 요리를 손님들에게 대접한 데서 유래했다는 설과 매춘부들이 입었던 형형색색의 옷이 이탈리아의 다양한 식재료로 만든 소스를 연상 시켰다는 데서 유래했다는 설이 있다. 어쨌든 지금은 이 단어가 파스타에 쓰이면 뜨겁고 맵고 경쾌한 느낌의 맛을 지닌, 열정 가득한 지중해풍의 파스타를 말한다. 여기 소개하는 스파게티도 전형적인 지중해 스타일의 파스타로 올리브, 토마토, 케이퍼, 바질, 안초비, 올리브 오일을 이용해 만들었다.

1인분 재료

스파게티(면) 90g
물(삶는 용) 3ℓ
소금(삶는 용) 30g
완숙 토마토 큰 것 1개
따쟈스카 블랙 올리브* 30g
케이퍼* 20g
마늘 1쪽
염장 안초비* 1 필렛*
신선한 바질*(허브) 10g
엑스트라 버진 올리브유 50ml
(기호에 따라) 매운 고추 가루 약간

만드는 과정

1 토마토는 끓는 물에 살짝 데쳐 껍질을 벗기고 씨를 제거한 후 사방 0.5cm의 주사위 모양으로 자른다. 마늘은 곱게 다진다.

2 블랙 올리브는 절반은 다지고 나머지는 2등분한다.

3 케이퍼는 절반은 다지고 나머지는 줄기를 떼어 내지 않고 그대로 둔다.

4 안초비는 작게 자른다.

5 바질은 장식용으로 한 잎 남기고 나머지는 매우 가늘게 채 썬다.

6 끓는 물에 소금을 넣고 스파게티를 넣어 9~10분간 삶는다.

7 팬에 올리브유 1/2을 두르고 다진 마늘과 안초비를 살짝 볶는다.

8 다진 올리브와 다진 케이퍼를 넣는다. 다지지 않은 케이퍼는 장식용으로 몇 개 남겨두고 나머지만 넣는다.

9 손질한 토마토 역시 장식용으로 몇 조각 남기고 넣어 섞는다.

10 약한 불에서 2~3분간 익힌다. 이때 기호에 따라 매운맛을 원할 때는 고추 가루를 넣는다.

11 익힌 면을 건져 팬에 넣는다.

12 나머지 올리브유와 썰어 둔 바질을 넣고 센 불에서 몇 초간 팬을 앞뒤로 흔들어 잘 섞는다.

13 불을 끄고 소금과 후추로 간한다.

14 파스타를 그릇에 담고 남겨둔 케이퍼, 블랙 올리브, 토마토, 바질 잎으로 장식한다.

이탈리아 각 지역 전통 파스타

2

이탈리아 북부에서 남부에 이르기까지 각 지방의 다양한 전통 파스타를 모아 보았다.

다만 좀 더 간단하고 요리하기 쉬우며 요즘 사람들의 입맛에 맞게 레서피를 살짝 바꾸었다.

14살에 호텔학교에 등록하기로 결정했을 때는 이미 어느 정도 요리에 대한 분별력과 판단력이

있었다. 마지막 학기를 마치며 바로 레스토랑에서 일하기 시작했고 그때부터 한 번도 멈춘 적 없이 요리를 해왔다. 그것이 벌써 25년이 다 되어 간다. 가족을 위해, 또 아버지에게 멋진 아들이 되기 위해 시작되었던 요리에 대한 순수한 열정이 나 자신도 알아차리기 전에 이대로 나의 직업이 되었다. 요리사란 많은 희생을 필요로 한 힘든 직업이다. 다른 사람들이 느긋하게 저녁을 즐길 때 일을 해야 하거나 아침부터 저녁까지 장시간 일을 해야 하는 등 그만 두어야겠다고 결심하게 만드는 수많은 요인들이 있다. 그렇지만 계속 이 일을 이어나갈 수 있도록 만드는 근본적이면서도 매우 중요한 단 하나가 바로 요리에 대한 열정이다. 중요한 무언가를 창조해 낸다는 감동, 그리고 그것을 손님들이 격찬하며 진가를 인정해 줄 때의 감동은 절대 이 일을 그만 두지 못하게 하는 원동력이자 원천이다. 오히려 언제나 더욱 발전하고자 하는 마음이 생기게 하는 큰 힘이 되어준다.

한국에서 이탈리아 쉐프로 일한다는 것은 나에게 큰 도전이자 자극이 되는 일이다. 지금 한국에 불고 있는 이탈리아 요리에 대한 큰 관심은 이탈리아 요리가 더욱 발전할 수 있는 가능성을 엿보게 한다. 한국의 이탈리아인 쉐프들은 이탈리아 요리를 한다고 말하는 레스토랑 수에 비해 매우 적다. 이는 나로 하여금 큰 책임감도 느끼게 한다. 그것은 나의 동료들도 마찬가지일 것이다. 어떠한 것이 진정한 본연의 이탈리아 요리인가를 보여주어야 한다는 사명감까지 느끼고 있다.

잠두콩과 빤쳇따를 넣은 스뜨롯짜쁘레띠

Strozzapreti alle favette e pancetta

이탈리아 북부 지방에서 즐겨 먹는 파스타로 빤쳇따와 잠두콩의 맛이 잘 어울리고 기름지지 않으며 담백하다. 롬바르디아Lombardia, 리구리아 Liguria, 피에몬테 Piemonte, 베네또 Veneto, 에밀리아 로마냐 Emilia Romagna를 보통 이탈리아 북부 지역으로 구분하는데 이 지방의 요리는 고기를 많이 사용하는 것이 특징이다. 특히 돼지고기는 질이 좋아 전 세계적으로 잘 알려진 살라미들이 많다. 그중 하나인 프로슈토는 에밀리아 로마냐의 것을 최고로 친다.

1인분 재료

다양한 색의 스뜨롯짜쁘레띠*
(면) 90g
물(삶는 용) 3ℓ
소금(삶는 용) 30g
훈제 빤쳇따(베이컨)* 130g
잠두콩 120g
셜롯*(작은 양파) 1개
세이지*(허브) 1줄기
로즈마리*(허브) 1줄기
엑스트라 버진 올리브유 50ml
소금, 후추 적당량
(기호에 따라) 치즈 가루 10g
(파르미쟈노* 치즈
혹은 페코리노* 치즈)

만드는 과정

1 끓는 물에 소금을 넣고 잠두콩을 4분간 삶은 후 얼음물에 담근다. 콩이 충분히 식으면 건져서 물기를 제거한다. 잠두콩 삶은 물은 파스타 조리용으로 남겨 둔다.
2 셜롯은 곱게 다진다.
3 빤쳇따는 폭2mm로 얇게 저미고 사방 1cm크기의 사각형으로 자른다.
4 잠두콩 삶은 물에 소금을 넣고 스뜨롯짜쁘레띠를 11~12분간 삶는다.
5 팬에 올리브유 1/2을 두르고 셜롯과 로즈마리, 세이지 줄기를 넣어 약한 불에서 투명한 금빛이 돌도록 볶고 맛이 잘 우러나오도록 잠시 불 위에 둔다.
6 세이지와 로즈마리를 꺼내고 빤쳇따를 넣어 바삭하게 될 때까지 3분 정도 볶는다.
7 삶은 잠두콩을 넣어 잠시 익히고 소금, 후추로 간한다.
8 파스타 삶은 물을 한 국자 넣어 섞은 후 불에서 내린다.
9 나머지 올리브유와 익힌 면을 건져 팬에 넣고 센 불에서 잠시 팬을 앞뒤로 흔들어 잘 섞는다.
10 그릇에 담고 기호에 따라 파르미쟈노 치즈 혹은 페코리노 치즈를 살짝 뿌린다.

펜네 노르마
Penne alla Norma

노르마 파스타는 이탈리아 남부 시칠리아Sicilia의 파스타로 시칠리아 섬 사람들은 이 파스타를 먹으며 자랐다고 해도 과언이 아닐 것이다. 이곳 출신의 위대한 작곡가 빈첸쪼 벨리니 Vincenzo Bellini(1801-1835)가 1831년 작곡한 유명한 오페라 작품 '노르마'를 기리기 위해 만들어진 파스타이기도 하다. 신선한 토마토와 가지를 사용하는 게 중요하다.

1인분 재료

골이 패인 펜네*(면) 90g
물(삶는 용) 3ℓ
소금(삶는 용) 30g
가지 100g
방울토마토 90g
마늘 1쪽
신선한 바질*(허브) 10g
엑스트라 버진 올리브유 150ml
숙성된 리꼬따* 치즈
혹은 쁘로볼로네* 치즈 50g
소금, 후추 적당량

만드는 과정

1 가지는 두께 1cm로 길게 자른 다음, 사방 1cm 사각형으로 자른다.
2 방울토마토는 4등분하고 마늘은 곱게 다진다.
3 바질 한 잎은 장식용으로 남겨 두고 나머지는 아주 가늘게 채 썬다.
4 팬에 올리브유 100ml를 두르고 가지를 튀기듯 노릇하게 볶은 후 키친타월 위에 올려 기름을 뺀다.
5 끓는 물에 소금을 넣고 펜네를 9~10분간 삶는다.
6 팬에 올리브유 25ml를 두르고 다진 마늘을 넣어 살짝 노릇해질 정도로 볶은 후 방울토마토를 넣고 약한 불에서 약 4분간 더 볶는다.
7 조리한 4의 가지를 넣고 소금, 후추로 간한 다음 3분간 저어가며 익힌다.
8 올리브유 25ml, 채 썬 바질과 함께 익힌 면을 건져 팬에 넣고 센 불에서 팬을 앞뒤로 흔들어 잘 섞는다.
9 그릇에 담아 치즈를 갈아 뿌리고 바질 잎으로 장식한다.

로비올라와 모르따델라를 넣은 말딸리아띠
Maltagliati alla robiola e mortadella

이탈리아 북부 에밀리아 로마냐 Emilia Romagna 주(州)에서 시작된 파스타이다. 모르따델라는 에밀리아 로마냐 지역 살라미로 까다롭게 고른 고기로만 만들어져 품질이 좋기로 유명하다. 그 지역 사람들은 에밀리아 로마냐의 돼지는 베르디의 음악과도 같이 버릴 것이 하나도 없다고 입을 모은다.

1인분 재료

말딸리아띠*(면) 90g
물(삶는 용) 3ℓ
소금(삶는 용) 30g
모르따델라* 140g
신선한 로비올라* 치즈 100g
생크림 100ml

만드는 과정

1 모르따델라, 로비올라 치즈를 사방 1cm 주사위 모양으로 자른다.
2 팬에 생크림을 끓인다.
3 로비올라 치즈를 넣어 치즈가 완전히 녹을 때까지 약한 불에서 익힌다. 부드럽고 균질한 크림 상태가 되면 불에서 내린다.
4 끓는 물에 소금을 넣고 말딸리아띠 면을 6~7분간 삶는다.
5 익힌 면을 건져 팬에 넣고 1의 모르따델라 2/3를 넣는다.
6 센 불에서 팬을 앞뒤로 흔들어 잘 섞는다. 이때 파스타가 너무 건조해지면 파스타 삶은 물을 넣어 농도를 조절한다.
7 그릇에 담고 남겨둔 모르따델라를 위에 뿌린다.

네 가지 치즈와 호두로 맛을 낸 펜네
Penne ai quattro formaggi e noci

북부 알프스 지방에서 즐겨 먹는 풍부하고 진한 맛의 크림 파스타이다. 하이킹이나 스키 등 운동 후에 에너지를 보충하기 좋은 음식이다. 알프스와 인접한 지역은 날씨가 춥기 때문에 열량을 충분히 낼 수 있는 음식이 많이 발달되어 있다. 프랑스와 이탈리아의 국경지대인 북부 산악지대에도 포렌타라는 음식이 있는데 옥수수 가루를 물과 올리브유, 소금으로 개어 끓인 뒤 작게 자른 치즈와 살라미를 넣어 먹는 죽 형태의 요리이다. 그 곳에서는 이 음식을 워낙 자주 많이 먹어 북부 산악지대 사람들을 포렌따니라고 놀리기도 한다. 여행 도중 북부의 바르도네치아 Bardonecchia를 하이킹하며 산장에서 파는 포렌타를 꼭 먹어보고 싶었는데 경치에 마음을 빼앗겨 6시간이나 산에서 시간을 보낸 후 산장에 도착했을 때는 이미 다 팔리고 남아있지 않았다. 두고두고 아쉬움이 남는다.

1인분 재료	만드는 과정

1인분 재료

펜네*(면) 90g
물(삶는 용) 3ℓ
소금(삶는 용) 30g
아시아고* 치즈 40g
딸렛죠* 치즈 40g
폰티나* 치즈 40g
고르곤졸라* 치즈 20g
파르미쟈노* 치즈 간 것 10g
생크림 100ml
호두 60g

만드는 과정

1 코팅 팬에 호두를 몇 분간 살짝 굽는다. 6개는 남기고 나머지는 굵직하게 썬다.
2 준비한 치즈는 모두 사방 1cm인 주사위 모양으로 자르고 각 치즈마다 장식을 위해 몇 조각씩 남긴다.
3 끓는 물에 소금을 넣고 펜네를 10분 간 삶는다.
4 팬에 생크림을 끓인다.
5 잘라 놓은 치즈와 파르미쟈노 치즈 가루를 넣어 약한 불에서 나무 숟가락을 이용해 치즈가 잘 녹을 때까지 저어 준다.
6 매끄럽고 균질한 크림이 만들어지면 불에서 내린다. 이때, 크림의 농도가 너무 되직하면 파스타 삶은 물을 넣어 농도를 조절한다.
7 익힌 면을 건져 썰어 둔 호두와 함께 치즈 크림에 넣고 팬을 앞뒤로 흔들어 잘 섞는다.
8 접시에 담아 남겨 둔 치즈 조각과 호두 알로 장식 한다.

낙지와 토마토를 곁들인 레지넷떼
Reginette al polpo, favette e pomodoro fresco

이탈리아 남부 지역에서 가볍게 즐기는 건강식 파스타로 낙지를 미리 준비해 놓으면 편리하다. 작은 낙지를 골라 끓는 물에 넣고 약한 불로 1시간 정도 익히면 아주 부드럽게 된다. 남부 뿔리야 Puglia는 이탈리아에서도 드물게 생선회를 즐겨먹는 지역이다. 특히 문어회를 즐겨 먹는데 갓 잡아 살아 있는 문어는 가운데 심이 있어 바로 먹기가 힘들다. 그래서 돌에 빨래처럼 탁탁 내리쳐 빨랫줄에 널어 놓는다. 몇 시간이 지나면 돌처럼 딱딱했던 심이 풀어져 보들보들해져 있다. 이것을 얇게 썰어 레몬즙을 듬뿍 뿌리고 올리브유를 두른 다음 소금과 후추를 살짝 뿌려 먹는다.

1인분 재료

레지넷떼*(면) 90g
물(삶는 용) 3ℓ
소금(삶는 용) 30g
150g 정도의 익힌 낙지 1마리
방울토마토 90g
신선한 잠두콩 60g
마늘 1쪽
엑스트라 버진 올리브유 50ml
소금과 후추 적당량

만드는 과정

1 방울토마로는 4등분하고 마늘은 곱게 다진다.

2 끓는 물에 소금을 넣고 잠두콩을 3분간 삶은 후 얼음물에 담근다. 콩이 충분히 식으면 건져 물기를 제거한다. 잠두콩 삶은 물은 파스타 조리용으로 남겨 둔다.

3 낙지는 1cm 크기로 자른다.

4 잠두콩 삶은 물에 소금을 넣고 레지넷떼를 10~11분간 삶는다.

5 팬에 올리브유 1/2을 두르고 다진 마늘을 넣어 금빛이 돌도록 살짝 볶는다.

6 5에 잘라 둔 낙지와 삶은 잠두콩을 함께 넣고 맛이 잘 어우러지도록 잠시 둔다.

7 방울토마토를 넣고 소금과 후추로 간한다. 파스타 삶은 물로 농도를 조절하며 5분간 약한 불에서 익힌다.

8 익힌 면을 건져 팬에 넣고 나머지 올리브유를 넣은 후 센 불에서 팬을 앞뒤로 흔들어 잘 섞는다.

9 접시에 담아 파스타 위에 낙지 다리를 올린다.

오리 가슴살을 곁들인 루마께

Lumache alla fricassea d' anatra e asparagi

루마께는 달팽이라는 의미로 달팽이 껍질 모양의 오래된 파스타 형태이다. 속이 비어있어 표면적이 넓기 때문에 소스가 잘 묻어 풍부한 맛을 즐길 수 있다. 이탈리아 북부 피에몬테Piemonte 지역에서는 오리, 아스파라거스와 함께 이 면을 자주 먹는다. 특별히 오리 특유의 냄새를 좋아하지 않는 사람은 드라이한 화이트 와인에 하루 전에 재워 두었다가 다음날 이 파스타를 만들면 좋다.

1인분 재료

루마께*(면) 90g
물(삶는 용) 3ℓ
소금(삶는 용) 30g
오리 가슴살 150g
아스파라거스 150g
셜롯*(작은 양파) 1개
엑스트라 버진 올리브유 50ml
브랜디 50ml
루* 10g
소금 적당량
기호에 따라 후추 약간

만드는 과정

1 오리 가슴살은 아랫부분에 있는 지방 2mm만 남겨 두고 모든 지방을 제거한 후 편으로 저민다.

2 아스파라거스는 주방용 끈으로 한데 묶어 끓는 물에 3분간 삶은 후 얼음물에 담근다. 충분히 식으면 건져 물기를 제거한다. 아스파라거스를 삶은 물은 파스타 조리용으로 남겨 둔다.

3 아스파라거스의 윗부분을 2cm정도 자르고 남은 부분은 편으로 얇게 어슷썬다.

4 셜롯은 곱게 다진다.

5 아스파라거스 삶은 물에 소금을 넣고 루마께를 10~11분간 삶는다.

6 팬에 올리브유 25ml를 두르고 셜롯을 투명한 금빛이 돌도록 볶는다.

7 오리 가슴살을 넣고 1분 정도 굽는다.

8 브랜디를 붓고 불을 붙여 알코올 성분을 날린다. 불꽃이 꺼지면 아스파라거스와 소금을 넣는다.

9 파스타 삶은 물을 한 국자 넣고 은근한 불에서 5분 정도 끓인다.

10 루를 넣어 부드러운 크림 스프의 농도가 되도록 끓인다.

11 익힌 면을 건져 팬에 넣고 나머지 올리브유를 넣은 다음 센 불에서 팬을 앞뒤로 흔들어 잘 섞는다.

12 접시에 담고 기호에 따라 후추를 살짝 뿌린다.

따란또식 홍합 스뜨롯짜쁘레띠
Strozzapreti con le cozze alla tarantina

이탈리아 남부 뿔리야Puglia 주(州)의 따란또Taranto에서 시작된 파스타이다. 이 지역의
홍합은 알이 굵고 싱싱하기로 유명하다. 신선한 검은 후추를 바로 갈아 충분히 뿌려 먹으면 홍합의 맛이 더욱 살아난
다. 또, 뿔리야에는 부르라따라는 치즈가 유명한데 나뭇잎에 싸여 있는 특이한 형태의 치즈이다. 모짜렐라 치즈와
크림을 섞은 것으로 너무나 부드러워 생으로 스푼을 이용해 떠먹는다. 마치 한국의 순두부와 같은 질감으로 우유의
고소함이 일품이다.

1인분 재료	만드는 과정
스뜨롯짜쁘레띠*(면) 90g	1 홍합은 흐르는 찬물에 씻어 살 밖으로 나온 수염을 제거한다.
물(삶는 용) 3ℓ	2 방울토마토는 4등분하고 마늘과 이태리 파슬리는 곱게 다진다.
소금(삶는 용) 30g	3 바질을 곱게 채로 썬다.
신선한 홍합 18개	4 끓는 물에 소금을 넣고 스뜨롯짜쁘레띠를 10~11분간 삶는다.
방울토마토 100g	5 팬에 올리브유 1/2을 두르고 마늘, 이태리 파슬리를 넣어 노릇하게 볶는다.
마늘 1쪽	6 방울토마토를 넣어 수분이 증발되도록 약 1분간 센 불에서 볶은 후 소금 간을 한다.
신선한 바질*(허브) 10g	7 홍합을 넣어 섞은 후 센 불에서 드라이한 화이트 와인을 넣는다.
이태리 파슬리*(파슬리) 5g	8 팬의 뚜껑을 덮어 홍합의 입이 벌어지도록 익힌다.
엑스트라 버진 올리브유 50ml	9 홍합 입이 벌어지면 뚜껑을 열어 5분간 센 불에서 졸인다.
드라이한 화이트 와인 50ml	10 익힌 면을 건져 팬에 넣고 나머지 올리브유와 채 썬 바질, 후추를 넣어 섞는다.
소금, 후추 적당량	11 센 불에서 몇 초간 팬을 앞뒤로 흔들어 잘 섞은 후 그릇에 담는다.

가지로 감싼 페투치네
Fettuccine incasciate

'인카시아떼' 는 '상자 안에' 라는 뜻으로 가지 안에 파스타가 들어 있음을 의미한다.
이탈리아 남부 시칠리아 지방의 파스타로 파스타를 가지로 감싸 부드럽고 순한 맛이 난다. 나는 이 파스타를 시칠리
아의 바띠Patti를 여행하는 도중에 묵었던 아그리투리스모(전원 민박)에서 먹어 보았는데 그 곳에서는 모든 음식을
자신의 집에서 생산한 식재료로 만들고 있었다. 심지어 계란도 뒤뜰에서 노는 닭이 갓 낳은 것을 쓴다. 집 앞 채소밭
에서 바로 딴 가지로 만들어 준 이 파스타의 맛이 아직도 생생하다.

1인분 재료

페투치네*(면) 90g
물(삶는 용) 3ℓ
소금(삶는 용) 30g
150g의 가지 1개
밀가루 30g
엑스트라 버진 올리브유 150ml
방울토마토 150g
마늘 1쪽
숙성된 리꼬따* 치즈 60g
신선한 바질*(허브) 10g
소금 적당량
기호에 따라 후추 약간

만드는 과정

1 방울토마토는 4등분하고 마늘은 곱게 다진다.
2 바질 한 잎은 장식용으로 두고 나머지는 곱게 채로 썬다.
3 가지는 두께 0.5cm로 길게 자른 후 양면에 밀가루를 묻히고 털어낸다.
4 팬에 올리브유 100ml를 넉넉히 두르고 가지 양면을 노릇하게 튀긴다.
5 익은 가지는 키친타월 위에 올려 기름을 제거하고 따뜻하고 습한 곳에 두어 식거나 마르지
않도록 한다.
6 끓는 물에 소금을 넣고 페투치네를 약 8분간 삶는다.
7 팬에 올리브유 25ml를 두르고 다진 마늘을 넣어 노릇하게 볶는다.
8 방울토마토를 넣고 소금, 후추 간을 해 약 4분간 더 익힌다. 필요하다면 파스타 삶은 물
을 넣는다.
9 익힌 면을 건져 팬에 넣고 올리브유 25ml, 채 썬 바질, 갈아 놓은 리꼬따 치즈 일부를 넣
는다. 센 불에서 몇 초간 팬을 앞뒤로 흔들어 잘 섞는다.
10 익혀놓은 가지를 유산지에 나란히 펼쳐 놓고 살짝 소금 간을 한다.
11 가지 위에 파스타를 얹어 안에 파스타가 들어있는 원통 모양이 되도록 완전히 말아준다.
12 200℃ 오븐에서 3분간 굽는다.
13 오븐에서 꺼내고 그릇에 담아 남은 치즈를 뿌리고 바질 잎으로 장식한다.

정어리를 넣은 부까띠니
Bucatini con le sarde

시칠리아Sicilia의 전통적인 파스타로 그 느낌을 강렬하게 주고 싶다면 신선한 딜을 사용한다. 시칠리아를 여행하게 된다면 꼭 먹어보라고 권하고 싶다. 강하지만 부드럽고 달콤하면서도 담백한 풍부한 맛을 지니고 있어 먹으면 입가에 나도 모르게 미소를 띠게 될 것이다. 이 파스타에서 사용된 설타나는 씨가 없는 청포도로 만든 것으로 황금빛이 살짝 도는 달콤한 맛이다. 시칠리아는 아랍의 통치 하에서 고난을 받기도 했는데 음식에 쓰인 설타나는 이슬람 문화가 남아 있음을 보여 주는 흔적이다.

1인분 재료	만드는 과정
부까띠니*(면) 90g	1 건포도는 미지근한 물에 약 15분간 담근다.
물(삶는 용) 3ℓ	2 정어리는 머리 부분을 조리용 가위로 자른 후, 몸통을 손으로 벌려 흐르는 물에 씻으며 가시를 제거한다.
소금(삶는 용) 30g	3 칼을 이용해 옆으로 갈라 가시를 제거하고 약 2cm두께로 썬다.
120g 정도의 신선한 정어리 2마리	4 팬에 황설탕을 넣고 캐러멜화시켜 밝은 갈색이 되면 빵가루를 넣어 센 불에서 골고루 노릇한 색이 날 때까지 젓는다.
방울토마토 90g	5 마늘과 이태리 파슬리는 곱게 다지고 방울토마토는 4등분한다.
설타나(건포도)* 10g	6 딜 몇 잎은 장식용으로 남기고 나머지는 굵게 다진다.
잣 10g	7 끓는 물에 소금을 넣고 부까띠니를 12분간 삶는다.
이태리 파슬리*(파슬리) 5g	8 팬에 올리브유 1/2을 두르고 다진 마늘, 이태리 파슬리, 안초비를 넣어 약한 불에 볶는다.
딜*(허브) 10g	9 잣과 물에 불린 건포도를 넣고 몇 초간 더 익힌다.
마늘 1쪽	10 손질한 정어리, 방울토마토를 순서대로 넣어 약 5분간 약한 불에서 익힌다.
염장 안초비* 적당량	11 소금과 후추로 간을 한 다음 다진 딜을 넣는다.
엑스트라 버진 올리브유 50ml	12 익힌 면을 건져 팬에 넣고 나머지 올리브유와 4의 빵가루 1/2을 넣고 센 불에서 몇 초간 팬을 앞뒤로 흔들어 잘 섞는다.
빵가루 30g	13 접시에 담고 나머지 빵가루와 딜 잎을 뿌린다.
황설탕 5g	
소금, 후추 적당량	

포르치니 버섯으로 맛을 낸 세다니니
Sedanini alla boscaiola

'보스카욜라' 는 이태리어로 숲이란 뜻인데 말린 포르치니 버섯이 숲 속의 상쾌한 향을 느끼게 해준다 하여 이런 이름이 붙었다. 포르치니 버섯은 이탈리아 북부 산악지역에서 많이 생산되는 버섯으로 해발 800m 이상의 밤나무가 많은 곳에서 자란다. 그러나 해발 1000m이상이 되면 밤나무가 아닌 소나무가 많아져 이 버섯을 찾아보기 힘들다. 자라는 곳이 제한적이다 보니 생산량이 많지 않아 자연산 포르치니 버섯은 상당히 고가의 재료이다. 세다니니는 야채와 버섯에 잘 어울리는 면으로 다른 야채 파스타에 응용해도 좋다.

1인분 재료

세다니니*(면) 90g
물(삶는 용) 3ℓ
소금(삶는 용) 30g
건 포르치니 버섯* 10g
새송이 버섯 100g
장식용 말린 버섯 2장
마늘 1쪽
이태리 파슬리*(파슬리) 10g
신선한 타임*(허브) 2줄기
생크림 100ml
버터 20g
소금, 후추 적당량

만드는 과정

1 건 포르치니 버섯을 45℃의 따뜻한 물 50ml에 30분간 담근다.
2 물에 불린 버섯을 건져 다진다. 버섯을 불렸던 물은 촘촘한 망을 이용하여 걸러 둔다.
3 새송이 버섯은 얇게 슬라이스하고 마늘과 이태리 파슬리는 곱게 다진다.
4 타임은 한 줄기를 장식용으로 남기고 나머지는 다진다.
5 끓는 물에 굵은 소금을 넣고 세다니니를 12분간 삶는다.
6 팬에 버터를 녹이고 다진 마늘, 다진 타임, 다진 이태리 파슬리를 넣어서 살짝 볶는다. 이때 이태리 파슬리는 장식용으로 약간 남긴다.
7 다진 포르치니 버섯과 슬라이스한 새송이 버섯을 넣어 3분 정도 더 볶는다.
8 포르치니 버섯 불린 물과 생크림을 넣고 소금, 후추로 간한다.
9 약한 불에서 소스가 반으로 줄어들도록 5분 정도 졸인다.
10 익힌 면을 건져 팬에 넣고 센 불에서 몇 초간 팬을 앞뒤로 흔들어 잘 섞는다.
11 접시에 담아 남은 이태리 파슬리를 살짝 뿌리고 타임 한 줄기와 장식용 말린 버섯 2장으로 장식한다.

장식용 말린 버섯

1 새송이 버섯을 얇게 슬라이스한다.
2 유산지 위에 버섯을 펼치고 다시 유산지로 덮는다.
3 유산지 위에 1kg 무게의 물건을 올려 납작하게 누른다.
4 유산지를 제거하고 90℃의 오븐에서 2시간 정도 말리거나 40℃정도의 건조한 장소에서 12시간 정도 말린다.

깔라브리아 지방식 빠빠르델레

Pappardelle alla calabrese

이탈리아 남부 깔라브리아Calabria 지방 사람들은 아주 매운 맛을 선호하기 때문에 이 곳에서는 매운 맛의 은두야 살라미를 이용해 파스타를 자주 만든다. 이 살라미는 엄청 난 양의 고추가 들어 있어 먹었을 때 입안에서 폭발적인 매운 맛을 느낄 수 있다. 깔라브리아를 여행하게 된다면 이 지방 특유의 은두야를 꼭 맛보길 바란다. 한국인들이 선호하는 아주 맵고 강한 맛을 느낄 수 있다.

1인분 재료

빠빠르델레*(면) 90g
물(삶는 용) 3ℓ
소금(삶는 용) 30g
매운 맛의 살라미* 90g
방울토마토 120g
붉은 양파 80g
신선한 마조람*(허브) 10g
엑스트라 버진 올리브유 50ml
(기호에 따라) 페코리노 치즈
약간

만드는 과정

1 살라미는 사방 0.5cm의 주사위 모양으로 자른다.

2 붉은 양파는 매우 가늘게 채로 썬다. 채칼을 이용해도 좋다.

3 방울토마토는 4등분한다.

4 끓는 물에 소금을 넣고 빠빠르델레를 8~9분간 삶는다.

5 팬에 올리브유 1/2을 두르고 붉은 양파를 약한 불에서 타지 않도록 볶는다.

6 기호에 따라 양젖 치즈를 조금 갈아 넣는다.

7 살라미를 넣어 2분 정도 볶는다.

8 방울토마토를 넣고 약한 불에서 5~6분 정도 더 익힌다. 파스타 삶은 물을 조금 넣어 농도를 조절한다.

9 익힌 면을 건져 팬에 넣고 나머지 올리브유를 넣은 다음 센 불에서 팬을 앞뒤로 흔들어 잘 섞는다.

10 접시에 담아 가운데에 마조람 줄기를 올리고 마조람 잎을 주위에 뿌린다.

무청을 넣은 오렛끼엣떼
Orecchiette alle cime di rapa

이탈리아 남부 뿔리야Puglia 지역의 전통 파스타로 그 지역에서 겨울에 즐겨 먹는 브로콜리 라브를 이용해 만들어야 하지만 비슷한 맛을 내는 한국의 재료 무청으로 만들어 보았다. 만약 둘 다 구하기 어려운 계절이라면 브로콜리를 사용해도 비슷한 맛을 낼 수 있다. 오렛끼엣떼는 작은 귀 모양을 한 파스타로 이 또한 뿔리야 지역에서 흔히 먹는 것이다. 야채만 들어가기 때문에 이탈리아 남부에서 생산된 강한 맛의 올리브유를 쓰는 것이 훨씬 더 맛을 살리는 방법이다.

1인분 재료
오렛끼엣떼*(면) 90g
물(삶는 용) 3ℓ
소금(삶는 용) 30g
무청 90g
마늘 1쪽
염장 안초비* 1 필렛*
붉은 고추 1개
이태리 파슬리*(파슬리) 5g
엑스트라 버진 올리브유 50ml

만드는 과정
1 무청은 깨끗이 다듬어 흐르는 찬물로 씻고 10cm길이로 자른다.
2 마늘은 편으로 저민다.
3 고추는 씨를 제거하고 얇게 채 썬다.
4 이태리 파슬리를 곱게 다진다.
5 끓는 물에 소금을 넣어 무청을 6~7분 간 삶은 후 건져내 살짝 짠다. 무청 삶은 물은 파스타 조리용으로 남겨 둔다.
6 무청 삶은 물에 오렛끼엣떼를 12분간 삶는다.
7 팬에 올리브유 1/2을 두르고 안초비를 넣어 으깬 후 마늘, 이태리 파슬리, 고추를 함께 넣고 센 불에서 몇 초간 익힌다.
8 무청을 넣어 약 2분간 약한 불에서 더 익힌다. 파스타 삶은 물을 넣어 농도를 조절한다.
9 익힌 면을 건져 팬에 넣고 나머지 올리브유를 넣은 다음 센 불에서 몇 초간 팬을 앞뒤로 흔들어 잘 섞는다.

나만의 파스타

요리는 상상력의 조합이다. 어떤 재료를 어떻게 요리하면 좋을까 끊임없이 생각하고 만들어 봤
던 것에는 결과물이다. 특별하지만 단순한 기술과 좋은 재료가 합쳐져 새로운 파스타가 만들
파스타는 어렵지 않은 조리법을 사용하고 있지만 하나하나 지시사항을
끝에는 파스타 회사에서 발사믹 식초, 송로버섯, 포르치니
티면이 많이 생산된다. 이런 새로운 파스타
면은

프로 요리사로서 좋은 요리를 만드는 데 있어 중요하다고 생각하는 몇 가지가 있다. 첫 번째는 재료이다. 재료가 좋아야만 좋은 요리를 만들 수 있고 그저 그런 재료로 만든 요리가 좋을 수 없다는 것은 너무나도 당연한 얘기다. 내가 말하는 좋은 재료라 함은 비싼 재료를 의미하는 것이 아니다. 건강한 땅에서 따뜻한 햇살을 받고 자란 신선한 야채, 넓은 곳에서 자유롭게 자란 소에서 짠 우유로 만든 치즈 등 지극히 자연스럽고 건강한 재료들을 말한다. 두 번째는 이러한 재료들을 사용해 자신이 가진 조리 기술을 능수능란하게 컨트롤할 수 있어야 한다. 이것은 경험이 무엇보다 중요하다. 다양한 요리를 많이 만들어 보며 자신을 트레이닝해야 한다. 마지막으로 이 두 가지 요인에 더해 요리에 큰 차이점을 가져오는 것은 바로 열정이다. 요리사는 자신이 만드는 요리를 사랑해야 한다. 요리사의 사랑을 듬뿍 받은 요리는 말할 필요도 없이 맛있고 정성이 들어가 있을 것이다.

다른 레스토랑에서 맛있고 감동적인 식사를 하는 일이 요리사인 나에게는 쉽지 않은 일이다. 맛있는 요리가 나왔을 때도 순수하게 감동받기 보다는 무의식적으로 '어떻게 만들었을까', '무엇이 들어갔을까' 끊임없이 생각하는 직업병이 발동하기 때문이다. 그러나 이런 나에게도 느긋하게 식사 자체를 즐기며 행복감을 느꼈던 순간이 있었다. 2006년, 아내와 첫번째 이탈리아 여행을 갔을 때 방문했던 라페르고라 La pergola 라는 레스토랑에서였다. 로마의 카발리에리 힐튼 호텔 옥상 정원에 있는 이 레스토랑은 지중해 식 이탈리아 요리를 선보이는 곳으로 미슐랭 스타를 3개나 받은 곳이다. 미슐랭 스타 1개를 받는 데 약 10년 정도 걸리니 이 레스토랑의 역사를 짐작할 수 있다. 식사 후 나온 디저트가 특히 인상적이었는데 5단의 작은 서랍장에 각기 다른 다양한 디저트를 담아 놓아 서랍을 한단 한단 열때마다 아내와 같이 간 친구 내외가 연신 "lovely, beautiful"을 외쳤었다. 4명의 식대로 와인까지 포함해 1000유로(약 160만원) 정도의 적지 않은 금액이 나왔지만 하나도 아깝지 않을 만큼 서비스와 음식 모두 만족스러웠다. 기분 좋게 레스토랑을 나서려는데 우리 모두에게 작은 카드 하나씩을 나누어 주었다. 열어 보니 오늘 먹은 안티파스토부터 디저트, 와인 이름까지 상세하게 적은 나만의 메뉴였다. 사소한 것이었지만 우리 일행 모두 마지막까지 너무나 큰 감동을 받고 레스토랑을 나섰다. 아내는 아직도 가끔 그 카드를 열어 보며 '그때 정말 좋았지'라고 추억하곤 한다.

황새치, 민트, 아몬드를 넣은 나스뜨리

Nastri al pesce spada, mentuccia e uvetta

파스타를 만들 때 맛을 좌우하는 가장 큰 요인은 신선한 재료이다. 많은 조리를 하지 않는 요리인 만큼 재료의 질에 따라 맛이 크게 달라진다. 이 파스타를 만들 때도 가장 중요한 것은 신선한 황새치와 향이 깊은 민트를 사용해야 된다는 점이다. 시칠리아의 아몬드는 알이 굵고 맛있기로 유명해서 시칠리아에서는 오래전부터 이 파스타를 먹어왔다.

1인분 재료

나스뜨리*(면) 90g
물(삶는 용) 3ℓ
소금(삶는 용) 30g
두께 15cm 가량의 황새치 120g
껍질 벗긴 아몬드 50g
설타나(건포도)*10g
신선하고 향이 좋은 민트(허브) 10g
마늘 1쪽
드라이한 화이트와인 50ml
엑스트라 버진 올리브유 50ml
빵가루 30g
황설탕 5g
소금, 후추 적당량

만드는 과정

1 건포도는 미지근한 물에 15분 가량 담그고 마늘은 곱게 다진다.
2 아몬드는 200℃ 오븐에 5분간 구운 후 10개는 장식용으로 남기고 나머지는 푸드 프로세서나 믹서에 잘게 간다.
3 팬에 황설탕을 넣어 밝은 밤색이 될 때까지 캐러멜화한다.
4 빵가루와 2의 아몬드 가루를 넣어 센 불에서 골고루 노릇한 색이 될 때까지 잘 저어주며 볶는다.
5 황새치는 사방 1.5cm 크기의 주사위 모양으로 자른다.
6 민트는 몇 잎을 장식용으로 남기고 나머지는 다진다.
7 끓는 물에 소금을 넣고 나스뜨리를 10~11분간 삶는다.
8 팬에 올리브유 1/2을 두르고 다진 마늘을 센 불에서 볶는다.
9 물기를 제거한 건포도를 넣고 4의 아몬드 빵가루 1/2을 넣어 볶는다.
10 황새치를 넣어 센 불에서 몇 초간 노릇하게 익힌 후 화이트와인을 붓는다.
11 살짝 끓여 알코올을 증발시키고 다진 민트를 넣어 불에서 내린다.
12 익힌 면을 건져 팬에 넣고 아몬드 빵가루를 조금만 남기고 넣는다.
13 나머지 올리브유를 넣고 팬을 앞뒤로 흔들어 가며 모든 재료들을 잘 섞는다.
14 그릇에 담고 남은 아몬드 빵가루와 통 아몬드, 민트 잎으로 장식한다.

호두 페스토로 맛을 낸 스뜨랏치
Stracci di funghi porcini al pesto di noci

호두와 포르치니 버섯의 계절, 가을에 제대로 맛볼 수 있는 파스타이며 에너지를 보충해 주는 건강 파스타이다. 이 호두 페스토는 밤 뇨끼와도 잘 어울린다. 밤 뇨끼는 밤 가루와 밀가루를 반반 섞은 후 감자를 삶아 으깬 것과 달걀노른자를 넣어 반죽해 만든 것으로, 끓는 물에 삶아서 먹는다.

1인분 재료

포르치니 버섯 향이 배인
스뜨랏치*(면) 90g
물(삶는 용) 3ℓ
소금(삶는 용) 30g
호두 80g
마늘 반쪽
파르미쟈노* 치즈 간 것 30g
부드러운 버터 10g
엑스트라 버진 올리브유 50ml
소금, 후추 적당량

만드는 과정

1 호두는 180℃ 오븐에서 2분마다 뒤집으며 6분간 고르게 구운 후 오븐에서 빼내어 식힌다.
2 마늘은 세로로 반 잘라 심을 칼끝으로 빼낸다.
3 끓는 물에 소금을 넣고 스뜨랏치를 10분간 삶는다.
4 구운 호두, 마늘, 파르미쟈노 치즈 가루, 버터, 올리브유를 푸드프로세서나 믹서에 넣고 아주 부드러운 페스토 소스가 되도록 잘 갈아준다.
5 이 호두 페스토를 팬에 넣고 기호에 따라 소금, 후추로 간한다.
6 익힌 면을 건져 팬에 넣고 파스타 삶은 물로 농도를 조절한다. 불에 올리지 않은 상태에서 팬을 앞뒤로 흔들어 잘 섞는다.

연어를 곁들인 푸질리
Fusilli al salmone

입안에서 부드럽게 녹아드는 크림 파스타이다. 연어와 크림의 조합이 고소한 맛을 한 층 더 많이 느낄 수 있게 해준다. 생 연어 대신 훈제 연어를 사용해도 좋다. 사실 생선과 해산물은 크림소스와는 잘 어울리지 않는데 연어는 오히려 토마토소스보다 크림소스와 궁합이 더 잘 맞는다.

1인분 재료

푸질리*(면) 90g
물(삶는 용) 3ℓ
소금(삶는 용) 30g
가시를 제거한 연어 1토막 150g
셜롯*(작은 양파) 1개
버터 20g
생크림 100ml
보드카 50ml
이태리 파슬리*(파슬리) 10g
소금, 후추 적당량

만드는 과정

1 연어는 사방 1cm의 주사위 모양으로 자른다.
2 이태리 파슬리, 셜롯을 잘게 다진다.
3 끓는 물에 소금을 넣고 푸질리를 약 10분간 삶는다.
4 팬에 버터를 녹이고 다진 셜롯과 다진 이태리 파슬리 1/2을 넣어 약한 불에서 살짝 볶는다. 이때 버터가 타지 않도록 주의한다.
5 4에 연어를 넣고 센 불에서 노릇하게 익힌 후 소금, 후추로 간한다.
6 보드카를 붓고 불을 붙여 알코올 성분을 날린다. 불꽃이 사라지자마자 생크림을 붓는다.
7 약한 불에서 약 4-5분간 소스를 졸인다.
8 익힌 면을 건져 팬에 넣고 다진 이태리 파슬리를 조금 남긴 채 나머지를 모두 넣어 센 불에서 몇 초간 팬을 앞뒤로 흔들며 잘 섞는다.
9 그릇에 담고 남은 이태리 파슬리를 뿌린다.

카레를 넣은 펜네
Penne al curry e pancetta

이탈리아 사람들도 카레를 넣은 요리를 즐겨 먹는다. 카레를 이용하면 이국적인 맛의 파스타를 만들 수 있다. 오리지날 레시피에서는 빤쳇따가 아닌 관찰레로 만들지만 관찰레는 한국에 전혀 수입이 되지 않기 때문에 구하기 어렵다. 관찰레와 빤쳇따는 둘 다 돼지고기로 만든 천연 살라미로 맛은 비슷하지만 관찰레는 돼지의 볼살을 훈제한 것이고 빤쳇따는 돼지의 뱃살을 훈제한 것이어서 관찰레가 훨씬 더 지방이 적고 담백하다.

1인분 재료

펜네*(면) 90g
물(삶는 용) 3ℓ
소금(삶는 용) 30g
2mm두께의 슬라이스 훈제
빤쳇따*(베이컨) 100g
카레 가루 10g
이태리 파슬리*(파슬리) 10g
드라이한 화이트 와인 100ml
셜롯*(작은 양파) 1개
엑스트라 버진 올리브유 50ml
루* 10g
소금, 후추 적당량

만드는 과정

1 셜롯은 가늘게 채 썬다.
2 이태리 파슬리는 다져 둔다.
3 빤쳇따를 0.5cm두께로 가늘게 자른다.
4 볼에 카레 가루를 담고 화이트 와인을 조금씩 넣어가며 잘 풀어준다.
5 끓는 물에 소금을 넣고 펜네를 9~10분간 삶는다.
6 팬에 올리브유 1/2을 두르고 채 썬 셜롯을 넣어 센 불에서 볶는다.
7 빤쳇따를 넣어 약 2분간 노릇하게 익히되 셜롯이 타지 않도록 계속 저어 준다.
8 4를 붓고 3분간 졸이듯 끓인다.
9 소금, 후추로 간을 한 후 루를 넣어 부드러운 크림 상태가 되도록 하면서 파스타 삶은 물을 2스푼 정도 넣어 농도를 조절한다.
10 익힌 면을 건져 팬에 넣고 나머지 올리브유와 다진 이태리 파슬리를 넣은 후 팬을 앞뒤로 흔들어 잘 섞는다.

토마토, 루꼴라, 프로슈토로 맛을 낸 딸리아뗄레
Tagliatelle al crudo di pomodoro, rucola e prosciutto di Parma

이 파스타는 소스에 넣는 모든 재료를 생으로 쓰기 때문에 신선하게 먹을 수 있는 것이 특징이다. 재료 중 특히 프로슈토는 신경 써서 구하는 것이 좋다. 이탈리아에서는 북부 에밀리아 로마냐 Emilia Romagna의 파르마Parma 프로슈토를 최고로 친다. 생 프로슈토는 칼 혹은 기계를 이용하여 자를 수 있는데 기계를 이용해 가능한 얇게 슬라이스 하면 프로슈토 특유의 달콤함과 풍미를 더욱 잘 음미할 수 있다.

1인분 재료

딸리아뗄레*(면) 90g
물(삶는 용) 3ℓ
소금(삶는 용) 30g
완숙 토마토 큰것 1개
루꼴라* 40g
파르마산 생 프로슈토* 120g
마늘 1쪽
엑스트라 버진 올리브유 50ml
소금, 후추 적당량

만드는 과정

1 토마토는 끓는 물에 살짝 데쳐 껍질을 벗기고 씨를 제거한 후 사방 0.5cm의 주사위 모양으로 자른다.
2 마늘은 곱게 다지고 프로슈토는 2mm 정도 너비로 채 썬다.
3 루꼴라 2장은 장식용으로 남기고 나머지는 가늘게 채 썬다.
4 끓는 물에 소금을 넣고 딸리아뗄레를 8~9분간 삶는다.
5 팬에 올리브유를 전부 두르고 1의 토마토, 다진 마늘을 넣고 소금, 후추로 간한다.
6 팬을 불 위에 올리지 않고 토마토가 미지근해질 정도로만 열기를 주기 위해 파스타가 조리되는 냄비 위에서 잘 섞는다.
7 익힌 면을 건져 팬에 넣고 프로슈토와 루꼴라도 넣어 준다.
8 불에 올리지 않고 모든 재료들과 소스가 잘 어우러지도록 팬을 앞뒤로 흔들어 잘 섞는다.
9 접시에 담아 남겨 두었던 루꼴라 잎 2장으로 장식한다.

레몬으로 맛을 낸 그라냐노 산 빳께리
Paccheri di Gragnano al limone

여행 도중 시칠리아Sicilia에서 레몬나무를 보게 되었다. 나무에 노란 레몬이 주렁주렁 달려 있는 광경은 이탈리아인인 나로서는 새삼스러울 것도 없는 일이었지만 아내에게는 놀라운 경험이었던 모양이다. 나에겐, 신기하다며 나무 곁을 떠나지 못하는 아내가 더 신기했다. 사실 이탈리아에서 레몬은 겨울이 제철이라 여름의 레몬 나무는 별로 볼 것도 없는데 말이다. 레몬을 넣은 이 파스타는 만들기 쉽고 싸면서도 맛있는 파스타지만 한 입 먹어 보면 그동안 먹어 본 파스타와는 무언가 다르다고 느낄 것이다. 레몬 껍질을 이용해야 하기 때문에 유기농 레몬을 사용하는 것이 좋다.

1인분 재료

그라냐노gagnano* 지방
빳께리(면)* 90g
물(삶는 용) 3ℓ
소금(삶는 용) 30g
레몬 1개
생크림 100ml
버터 40g
보드카 50ml
파르미쟈노* 치즈 간 것 20g
신선한 세이지* (허브) 몇 장
소금 적당량

만드는 과정

1 한 개 분의 레몬 껍질을 매우 고운 강판을 이용하여 간다.

2 레몬 반개는 즙을 짠다.

3 끓는 물에 소금을 넣고 빳께리를 15분간 삶는다.

4 팬에 버터를 넣어 약한 불에 올려 녹인 후 갈아 놓은 레몬 껍질 2/3를 넣는다.

5 생크림을 부어 약한 불로 은근하게 끓인다.

6 2의 레몬즙, 보드카를 순서대로 붓고 잘 섞은 다음 소금으로 간한다. 졸아들도록 5분 정도 끓인다.

7 익힌 면을 건져 파르미쟈노 치즈 가루 반과 함께 넣어 센 불에서 팬을 앞뒤로 흔들어 잘 섞는다.

8 접시에 담은 후 남은 레몬 껍질과 파르미쟈노 치즈 가루를 뿌리고 세이지 잎으로 장식한다.

바삭한 오징어가 어우러진 딸리올리니
Tagliolini neri al calamaro croccante e pomodoro fresco

이탈리아 중부 해안의 파스타로, 빵가루를 바삭하면서도 마늘과 허브향이 충분히 배어나게 준비해야 한다. 이 허브 빵가루는 해안 지역에서 해산물 구이에도 많이 사용된다. 새우, 정어리, 오징어 등 어떤 해산물과도 잘 어울리기 때문이다. 해산물을 먼저 굽다가 허브 빵가루를 뿌려 더 구워 내면 표면에 껍질층이 생겨 맛있게 먹을 수 있다. 튀기지 않았는데도 마치 튀긴 것과 같이 바삭바삭하고 기름을 많이 사용하지 않아 건강에도 좋다.

1인분 재료

오징어 먹물 딸리올리니*(면)
90g
물(삶는 용) 3ℓ
소금(삶는 용) 30g
200g 정도의
싱싱한 오징어 1마리
잘 익은 방울토마토 90g
신선한 바질*(허브) 10g
빵가루 30g
마늘 1쪽
이태리 파슬리* 5g
마조람*, 타임*, 로즈마리*,
세이지*(모두 허브) 각 1줄기
엑스트라 버진 올리브유
100ml
소금 적당량

만드는 과정

1 마조람, 타임, 로즈마리노, 세이지는 모두 함께 곱게 다진다.
2 방울토마토는 4등분하고 이태리 파슬리, 마늘도 곱게 다진다.
3 바질은 장식용으로 한 잎 남기고 나머지는 가늘게 채 썬다.
4 빵가루에 허브 다진 것, 올리브유 1/2을 넣고 소금으로 간한 다음 잘 섞어 준다.
5 흐르는 찬물로 오징어를 손질해 몸통은 두께 1cm의 링으로 썰고 다리는 4등분한다.
6 팬에 올리브유 25ml를 두르고 다진 마늘과 이태리 파슬리를 노릇하게 볶는다.
7 방울토마토를 넣어 센 불에서 2분 정도 볶고 소금으로 간한다.
8 끓는 물에 소금을 넣고 딸리올리니를 7분간 삶는다.
9 다른 팬에 나머지 올리브유를 뿌리고 연기가 나기 시작하면 오징어를 2분간 센 불에서 익힌다.
10 허브를 넣은 빵가루를 뿌려 빵가루가 오징어의 표면에 달라붙어 바삭한 껍질 층을 형성할 수 있도록 굽는다.
11 익힌 면을 건져 7의 팬에 넣고 구운 오징어, 채 썬 바질을 넣은 후 센 불에서 팬을 앞뒤로 흔들어 잘 섞는다.
12 접시에 담아 바질 잎으로 장식한다.

리꼬따로 맛을 낸 샤프란 딸리아뗄레
Tagliatelle di zafferano alla ricotta

리꼬따 치즈와 샤프란 면이 조화를 이룬 심플한 맛의 파스타이다. 나만의 리꼬따 치즈 만드는 법을 소개하면 다음과 같다. 우선, 냄비에 1L의 우유와(저지방우유를 사용하면 안 된다) 100g의 플레인 요거트를 넣고 불 위에 올려 살살 저어 준다. 우유가 40℃가 되면 레몬 반개를 즙을 짜 넣고 계속 젓는다. 65℃쯤 되면 덩어리와 수분이 점차 분리되기 시작하는데 84℃가 넘지 않도록 주의하면서 전부 분리될 때까지 계속 저어준다. 전부 분리되면 고운 면보에 걸러 보관하면 된다. 이렇게 집에서 만든 치즈는 신선한 우유 향이 가득하다.

1인분 재료

샤프란 딸리아뗄레*(면) 90g
물(삶는 용) 3ℓ
소금(삶는 용) 30g
리꼬따* 치즈 130g
작은 셜롯*(작은 양파)1개
마조람*(허브) 10g
엑스트라 버진 올리브유 한 큰술
소금, 후추 적당량

만드는 과정

1 셜롯은 잘게 다져 깨끗한 헝겊에 싸고 꼭꼭 눌러 물기를 뺀다.
2 마조람은 잎을 떼어 낸다.
3 끓는 물에 소금을 넣고 샤프란 딸리아뗄레를 8-9분간 삶는다.
4 볼에 다진 셜롯, 리꼬따 치즈, 올리브유 한 큰술과 마조람의 1/2, 소금, 후추를 넣고 동질의 반죽이 되도록 잘 섞는다.
5 반죽을 팬에 넣고 불에 올린 후 파스타 삶은 물을 1국자 넣어 풀어 준다. 소스 온도가 60℃가 넘지 않도록 주의한다.
6 팬에 익힌 면을 건져서 넣고 앞뒤로 흔들어 잘 섞는다.
7 접시에 담아 남은 마조람 잎, 후추를 뿌린다.

양고기를 곁들인 포르치니 버섯향 딸리올리니

Tagliolini di tartufo al ragú di agnello

양고기를 맛있게 먹을 수 있는 파스타로 포르치니 버섯 향의 딸리올리니를 사용했더니 타임과의 조화가 더욱 좋아졌다. 양고기를 좋아하지 않는 사람이라면 소고기로 대체하여 만들어도 좋다. 소고기를 사용할 때는 등심보다 안심이 잘 어울린다.

1인분 재료

포르치니 버섯향 딸리올리니
*(면) 90g
물(삶는 용) 3ℓ
소금(삶는 용) 30g
양고기 등심 120g
셜롯*(작은 양파) 1개
신선한 타임*(허브) 10g
드라이한 화이트 와인 50ml
엑스트라 버진 올리브유 50ml
버터 20g
루* 5g
소금, 후추 적당량

만드는 과정

1 양고기 등심은 사방 1cm의 주사위 모양으로 자른다.
2 셜롯은 곱게 다진다.
3 타임은 한 줄기를 장식용으로 남기고 나머지는 잎을 따 둔다.
4 팬에 올리브유 전부를 두르고 오일이 연기를 뿜지 않을 때까지 데운다.
5 양고기를 넣고 센 불에서 2분 정도 노릇하게 익힌다.
6 익은 고기를 체에 받쳐 기름을 거른다.
7 끓는 물에 소금을 넣고 딸리올리니를 7분간 삶는다.
8 다른 팬에 버터를 녹이고 다진 셜롯을 타지 않도록 볶는다.
9 구워 둔 양고기와 타임 잎 1/2을 넣고 센 불에서 볶는다.
10 화이트 와인을 붓고 약한 불로 와인이 절반 정도로 줄어들 때까지 4분 정도 졸인다.
11 소금과 후추로 간한다.
12 루를 넣어 아주 엷은 크림 스프의 농도가 되도록 만든다. 소스가 되게 느껴지면 파스타 삶은 물로 농도를 조절한다.
13 팬에 익힌 면을 건져서 넣고 앞뒤로 흔들어 잘 섞는다.
14 접시에 담아 타임 줄기와 잎으로 장식한다.

전복을 곁들인 발사믹 식초 맛 딸리아 뗄레
Tagliatelle di aceto balsamico all' abalone e zucchine

발사믹 식초와 전복 맛이 잘 어우러지고 각각의 맛이 선명하게 살아나 동양인들이 좋아하는 파스타이다. 호박 껍질을 사용하기 때문에 유기농 호박을 사용하는 것이 좋다. 진한 녹색의 호박은 쌉쌀한 맛이 나므로 연한 연두색의 호박을 사용한다. 한국에서 전복의 내장을 먹는 것이 나에게는 무척 신기하게 느껴졌는데 내장에 모든 영양소가 있다는 말에 감탄하고 말았다. 그렇지만 이 레서피에서는 전복을 손질할 때 내장이 터져 속살에 묻지 않도록 조심해야 한다. 내장이 묻어난 속살은 조리한 후에도 쌉쌀한 맛이 난다.

1인분 재료

발사믹 식초맛
딸리아뗄레*(면) 90g
물(삶는 용) 3ℓ
소금(삶는 용) 30g
살아있는 전복 1개
150g 정도의 돼지호박 1개
마조람*(허브) 5g
이태리 파슬리*(파슬리) 5g
완숙 토마토 1개
마늘 1쪽
엑스트라 버진 올리브유 100ml
소금 적당량
(기호에 따라) 후추 약간

만드는 과정

1 호박은 6cm 길이로 자르고 5mm 두께로 껍질을 돌려 깎은 후 깎은 껍질을 너비 2mm 정도로 채 썬다.
2 전복은 작은 칼을 이용하여 속살을 꺼내 내장을 제거하고 흐르는 물에 헹구어 두께 1mm의 얇은 조각으로 자른다.
3 마늘과 이태리 파슬리는 곱게 다진다.
4 마조람은 잎을 뗀 후 몇 장을 장식용으로 남겨 둔다.
5 토마토는 끓는 물에 살짝 데쳐 껍질을 벗기고 씨를 제거한 후 사방 0.5cm의 주사위 모양으로 자른다.
6 끓는 물에 소금을 넣고 딸리아뗄레를 8~9분 삶는다.
7 팬에 올리브유 1/2을 두르고 다진 마늘과 이태리 파슬리를 약한 불에 투명한 금빛이 돌도록 볶는다.
8 자른 전복, 채 썬 호박을 순서대로 넣고 소금으로 간한다. 후추는 기호에 따라 뿌린다.
9 센 불에서 2분 정도 맛이 들도록 볶아 준다.
10 토마토를 넣고 불에서 내린다.
11 익힌 면을 건져 팬에 넣고 나머지 올리브유와 마조람을 넣어 센 불에서 잠깐 팬을 앞뒤로 흔들며 잘 섞는다.
12 접시에 담고 4에서 남긴 마조람 잎을 뿌려 장식한다.

올리브와 케이퍼를 넣은 페투치네
Fettuccine alle olive e capperi

지중해의 건강한 재료로 만든 풍부한 맛의 건강식 파스타다. 케이퍼는 지중해 연안에서 자라는 케이퍼라는 식물의 꽃봉오리를 따 초절임한 것으로 겉보기에는 콩처럼 단단해 보이지만 꽃잎이 겹겹이 벗겨진다. 소금을 넣은 식초에 절이기 때문에 짜고 신맛이 많이 나는 듯하지만 먹다 보면 개운함을 느낄 수 있어서 기름진 음식과도 잘 어울린다. 케이퍼의 새콤함과 올리브의 짭짤한 맛을 느낄 수 있는 파스타이다.

1인분 재료

페투치네*(면) 90g
물(삶는 용) 3ℓ
소금(삶는 용) 30g
마늘 1쪽
검은 올리브 60g
초록 올리브 60g
케이퍼* 50g
엑스트라 버진 올리브유 50ml
드라이한 화이트 와인 50ml
이태리 파슬리*(파슬리) 10g
루* 10g
후추 적당량

만드는 과정

1 올리브는 씨를 제거한다. 이때, 올리브가 지나치게 부서지지 않도록 주의한다.
2 케이퍼는 잘 씻어 물기를 말린다.
3 마늘과 이태리 파슬리는 곱게 다진다.
4 끓는 물에 소금을 넣고 페투치네를 9분간 삶는다.
5 팬에 올리브유 1/2을 두르고 다진 마늘과 다진 이태리 파슬리 절반 분량을 약한 불에 투명한 금빛이 돌도록 볶는다.
6 씨를 제거한 올리브와 케이퍼를 넣고 맛이 잘 어우러지도록 잠시 둔다.
7 불을 강하게 키우고 화이트 와인을 부어 절반 정도로 줄어들 때까지 끓인다.
8 불을 낮추고 파스타 삶은 물을 한 국자 넣고 루를 넣는다.
9 익힌 면을 건져 팬에 넣고 나머지 올리브유와 다진 이태리 파슬리를 넣어 센 불에서 팬을 앞뒤로 흔들며 잘 섞는다. 이때 다진 이태리 파슬리는 장식용으로 약간 남겨 둔다.
10 접시에 담아 먹기 직전 남겨둔 이태리 파슬리를 뿌린다.

참치 | 펜노니
Pennoni tonnati

통조림 참치는 구하기 쉬워 요리에 자주 사용하게 되는 재료 중 하나이다. 신선한 참치와 비교해도 맛이 떨어지지 않고 특유의 풍미가 있다. 더욱이 올리브유를 넣어 만든 통조림 참치는 아주 고소한 맛을 낸다. 참치는 두뇌 발달에 도움이 되는 DHA, 오메가-3지방산이 풍부해 수험생에게 해주면 좋을 파스타이다.

1인분 재료

펜노니*(면) 90g
물(삶는 용) 3ℓ
소금(삶는 용) 30g
올리브유를 넣은 통조림 참치
120g
케이퍼* 30g
염장 안초비* 1 필렛*
이태리 파슬리*(파슬리) 10g
마늘 반쪽
엑스트라 버진 올리브유 50ml
화이트 와인 50ml
후추 적당량

만드는 과정

1 참치는 기름을 빼고 부서지지 않도록 주의하며 20g은 장식용으로 따로 둔다.
2 장식용으로 줄기가 달린 케이퍼 5개를 남기고 나머지 케이퍼는 줄기를 제거하고 다진다.
3 마늘과 이태리 파슬리는 곱게 다진다.
4 끓는 물에 소금을 넣고 펜노니를 12분간 삶는다.
5 팬에 올리브유 1/2을 두르고 안초비를 넣어 으깬 후 다진 마늘과 이태리 파슬리 1/2을 넣고 약한 불에서 몇 초간 노릇하게 볶는다.
6 다진 케이퍼를 넣고 화이트 와인을 부어 약 2분간 졸인다.
7 참치를 넣고 서로 맛이 배도록 잠시 끓인다.
8 다 만들어진 소스를 푸드 프로세서나 믹서에 넣고 크림처럼 묽어질 때까지 갈아 다시 팬에 붓는다.
9 팬에 익힌 면을 건져서 넣고 나머지 올리브유를 넣은 후 센 불에서 몇 초간 팬을 앞뒤로 흔들어 잘 섞는다.
10 접시에 담아 남겨 두었던 참치와 줄기 달린 케이퍼를 올리고 다진 이태리 파슬리, 후추를 뿌린다.

벨루떼 소스로 맛을 낸 봉골레 파스타
Penne alla vellutata di vongole

모시조개가 들어간 파스타라면 화이트 와인으로 맛을 낸 봉골레를 떠올리기가 쉽지만 이번에는 벨루떼 소스를 넣어 부드럽고 섬세한 맛을 내는 파스타를 만들어 보았다. 모시조개를 넣은 특별한 파스타를 만들고 싶을 때 추천하고 싶은 레시피이다. 벨루떼란 말은 불어로는 '벨루떼 veloutè' 이태리어로는 '벨루따따 vellutata' 라고 하며 벨벳과 같은 부드러움을 나타내는 단어이다. 벨루떼 소스는 서양 조리의 모체가 되는 소스 중 하나로 루*에 따뜻한 액체(육수, 물, 조리액 등)를 첨가하여 만드는 것을 일컫는다.

1인분 재료

펜네*(면) 90g
물(삶는 용) 3ℓ
소금(삶는 용) 30g
굵은 참 모시조개 18개
마늘 2쪽
이태리 파슬리*(파슬리) 10g
화이트 와인 50ml
루* 10g
엑스트라 버진 올리브유 50ml
후추 적당량

만드는 과정

1 살아 있는 모시조개를 잘 씻어 두 시간 정도 찬물에 담가 해감을 토하게 한다.
2 이태리 파슬리는 줄기를 2개 남기고 나머지는 잘게 다진다.
3 마늘은 한쪽은 잘게 다지고 한쪽은 으깬다.
4 팬에 올리브유를 살짝 두르고 으깬 마늘, 이태리 파슬리 줄기를 넣고 센 불에서 몇 초간 노릇하게 볶은 다음 모시조개를 넣는다.
5 화이트 와인을 붓고 팬의 뚜껑을 덮어 조개의 입이 열리도록 약한 불에서 약 2분간 끓인다.
6 팬을 불에서 내려 조개를 건진 후 5개는 껍질을 한쪽 떼어내고 나머지는 살을 발라낸다.
7 조개를 건져 내고 남은 육수는 촘촘한 망으로 걸러 찌꺼기와 모래를 깨끗이 제거한다.
8 끓는 물에 소금을 넣어 펜네를 9~10분간 삶는다.
9 팬에 올리브유 1/2을 두르고 다진 마늘과 다진 이태리 파슬리를 약한 불에서 투명한 금빛이 돌도록 볶는다.
10 살을 발라 낸 모시조개를 넣고 몇 초간 섞은 후 육수를 부어 3분 간 졸인다.
11 루를 넣어 부드러운 벨루떼 소스를 만든다.
12 팬에 익힌 면을 건져서 넣고 후추와 나머지 올리브유를 넣은 후 센 불에서 몇 초간 팬을 앞뒤로 흔들어 잘 섞는다.
13 접시에 담아 껍질이 있는 모시조개로 장식한다.

붉은 양파로 맛을 낸 스페루토 보리 스파게티

Spaghetti di farro alle cipolle rosse

흔히 사용하는 재료가 아니라서 맛을 상상하기 어려울 것이다. 양파의 단맛과 와인의 쓴맛이
조화를 이루는 파스타이다. 섬유질이 풍부한 스페루토 보리로 만든 파스타로 일반적인 듀럼 밀가루로 만든 파스타
보다 색상이 매우 짙다. 스페루토는 고대 로마 시대부터 경작된 작물로 가루 형태로 가공하여 다양한 빵 반죽에 이용
하거나 가공하지 않은 채로 수프를 끓이는 데 사용되었다. 이후 그것이 밀로 대체되면서 가난한 자들의 식탁에만 오
르다 완전히 잊혀져 갔다. 그러나 최근 건강과 식이요법에 좋은 식품으로 각광 받으면서 다시 이탈리아인의 식탁에
등장하게 되었다.

1인분 재료

스페루토 보리 스파게티
(면) 90g
물(삶는 용) 3ℓ
소금(삶는 용) 30g
100g 정도의 붉은 양파 1개
끼안티Chianti 종 레드 와인
100ml
파르미쟈노* 치즈 간 것 20g
루* 10g
엑스트라 버진 올리브유 50ml
소금, 후추 적당량

만드는 과정

1 붉은 양파는 채 썬다.
2 작은 냄비에 레드 와인을 끓인다.
3 끓는 물에 소금을 넣고 스페루토 보리 스파게티를 10~11분간 삶는다.
4 팬에 올리브유를 전부 두르고 채 썬 양파를 1분 정도 센 불에서 볶은 후 약한 불에서 4
분 정도 맛이 들도록 둔다.
5 와인이 끓으면 양파를 넣고 와인이 절반 정도로 줄어들 때까지 졸인다.
6 루를 넣어 균질하고 옅은 크림수프의 농도가 되도록 저어 준다. 너무 되면 파스타 삶은
물을 넣어 농도를 조절한다.
7 소금과 후추로 간한다.
8 익힌 면을 건져 팬에 넣고 파르미쟈노 치즈 가루를 넣어 센 불에서 몇 초간 팬을 앞뒤로
흔들며 잘 섞는다. 이때 장식용으로 쓸 치즈 가루를 조금 남긴다.
9 접시에 담고 남겨 둔 파르미쟈노 치즈 가루, 후추를 뿌린다.

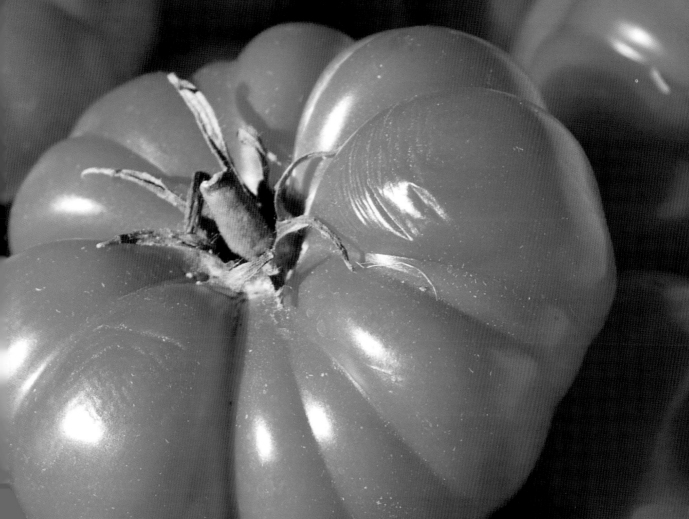

건강 파스타

건강식으로 손꼽을 수 있는 파스타이다. 간단하고, 무엇보다도 풍부한 영양분을 포함한 재료들을 사용
했다. 짧은 시간 내에 조리하기 때문에 재료 각각의 특성이 요리에 그대로 녹아나 건강에 아주 좋다. 다른
곁들이는 요리 없이 단품 요리로 먹어도 좋을 만큼 파스타 한 접시만으로 우리에게 필요한 모든 영양소를
섭취할 수 있다.

음식과 여행을 좋아하는 나와 아내는 취향이 잘 맞는다. 둘 다 먹는 것을 상당히 좋아하고 새로운 시도를 두려워하지 않는다. 아내와 나는 2006년, 2007년 여름마다 2번에 걸쳐 제법 긴 이탈리아 여행을 했는데 아내에게 내 나라 이탈리아를 가감 없이 보여주고 싶었던 것이 첫 번째 이유였고 각 지역의 향토 음식과 재료들을 접해 요리사로서 자극과 영감을 얻고자 했던 것이 두 번째 이유였다. 두 여행 모두 나의 1000cc 오토바이를 타고 움직였는데 한 여름에 에어콘도 나오지 않는 데다 (오토바이니 당연하다.) 오히려 뜨거운 바람을 가르며 달렸으니 어지간한 남자도 두손 두발 번쩍 들 정도로 힘든 여정이었다. 게다가 두 번째 여행에서는 200년 만에 찾아 온 폭염이 이탈리아 전역을 강타해 기온이 섭씨 45℃를 넘나들었다. 그럼에도 불구하고 힘들기는커녕 여행이 끝날 무렵 우리 둘 다 얼굴에 살이 통통하게 올라 서로를 바라보며 한참을 웃었다.

파스타 레서피에 유독 시칠리아 음식을 많이 소개했는데 두 번째 떠난 여행에서 많은 영감을 얻었다. 오토바이를 실어야 했기에 북부 제노바에서 시칠리아의 팔레르마까지 배편을 이용했다. 저녁 9시에 출발해 다음날 같은 시간에 도착했으니 꼬박 24시간이 걸린 셈이다. 시칠리아는 이탈리아 인인 나에게도 조금은 생소하고 신기한 곳이다. 외국인에게는 더욱 그런 곳이라 관광객이 드물다. 그 이유가 마피아 때문이라고 하지만, 솔직히 일반 사람들이 만나기는 힘들다. 실제로는 2세기 전 영국 사람들이 많이 체류했던 곳이라 그런지 사람들이 친절하고 여유롭고 젠틀하다. 여행도중 길을 물어도 모른다며 지나친 사람이 없었다.

시칠리아는 화산섬이어서 풀이 잘 자라지 않아 목축이 제대로 되지 않는데 생산되는 우유의 양이 적어 거의 대부분 그대로 소비되고 치즈로 만들어지는 것은 아주 일부분이다. 그 중 유명한 것이 레서피에도 등장하는 까쵸까발로 치즈이다.

그러나 좋은 기후 덕분에 과일과 야채는 더 없이 잘 자란다. 이 곳에서 자란 토마토, 레몬, 올리브 등 야채와 과실 모두 깜짝 놀랄 정도로 크기가 크고 색이 진하다. 길에서 샛노란 색의 어른 주먹만큼 큰 레몬이 주렁주렁 달려 있는 레몬 나무를 보는 것도 어려운 일이 아니고 1000년이 지난 올리브 나무도 건강하게 자라며 매해 올리브가 열리니 얼마나 과실이 잘 자라는지 짐작하고도 남을 것이다. 이런 시칠리아 산으로 유명한 과일 중 하나가 '블러드 오렌지'이다. 빨간 과육이 어찌나 달고 시원한지 아내와 앉은 자리에서 몇 개를 먹었다. 또 과일을 얼음과 함께 갈아 슬러쉬 형태로 먹는 '그라니따'도 시칠리아의 에리체가 원조이다.

섬이기 때문에 풍부한 해산물은 말할 것도 없다. 지중해에서 잡히는 참치는 안티파스토(이탈리아 정찬의 전채요리)로 많이 사용되고 오징어나 정어리는 파스타의 재료로 흔히 사용된다. 또, 영화 대부에서도 등장한 밀가루 반죽을 빨대 모양으로 빚어 튀긴 후 리코타 치즈로 속을 채운 칸놀리Cannoli는 시칠리아에서 자주 먹는 디저트로 시칠리아 사람이 있는 곳엔 어김없이 칸놀리가 있다는 우스개 소리도 있다. 이런 풍부하고 질 좋은 식재료로 인해 시칠리아는 길에 흔한 뜨라또리아 Trattoria에 툭 들려도 음식이 모두 놀랄 만큼 맛있었다.

신선한 루꼴라를 곁들인 세다니니
Sedanini al pecorino e rucola

로마가 있는 주(州) 라찌오Lazio 지역에서 즐겨 먹는 파스타로 신선한 야채와 강한 양젖 치즈 맛이 조화를 이루는 건강식 파스타이다. 라찌오는 햇빛이 풍부해 목축이 잘 되기 때문에 질 좋은 양젖 치즈가 생산되는 곳으로도 유명한데 사실 그것보다 더 유명한 것은 화이트 와인이다. 말바시아, 트레비아노와 같은 이탈리아 토종 품종의 포도가 많이 생산된다.

1인분 재료

세다니니*(면) 90g
물(삶는 용) 3ℓ
소금(삶는 용) 30g
방울토마토 120g
40g 정도의 양파 1개
루꼴라* 40g
페코리노* 치즈 간 것 50g
엑스트라 버진 올리브유 50ml
소금, 후추 적당량

만드는 과정

1 방울토마토는 4등분하고 양파는 곱게 다진다.
2 루꼴라는 가늘게 채 썬다.
3 끓는 물에 소금을 넣고 세다니니를 12분간 삶는다.
4 팬에 올리브유 1/2을 두르고 다진 양파를 센 불에서 금빛이 돌도록 볶는다.
5 방울토마토를 넣어 소금과 후추로 간하고 약한 불에서 뚜껑을 덮어 5분간 익힌다.
6 팬에 익힌 면을 건져서 넣고 나머지 올리브유와 썰어 둔 루꼴라의 3/4분량을 넣은 후 팬을 앞뒤로 흔들어 잘 섞는다.
7 페코리노 치즈 가루 1/2을 넣고 모든 재료들이 파스타와 어우러질 때까지 센 불에서 다시 팬을 앞뒤로 흔들며 잘 섞는다.
8 접시에 담아 루꼴라와 남은 페코리노 치즈 가루를 뿌린다.

천사의 머리카락 파스타
Capelli d' angelo alla messinese

이탈리아 남부 시칠리아 메시나Messina 지역의 파스타로 신선한 황새치와 딜의 향이 잘 어울린다. 카펠리 단젤로는 이탈리아어로 '천사의 머리카락' 이란 뜻으로, 가느다랗고 부드러운 면의 느낌이 말 그대로 천사의 머리카락과도 같다고 하여 이렇게 이름이 붙여졌다. 면은 카펠리 단젤로 - 스파게띠니 - 스파게티 의 순으로 굵어지는데 개인의 취향에 따라 바꿔 조리해도 좋다. 그러나 링귀니와 같은 납작한 면은 어울리지 않는다.

1인분 재료

카펠리 단젤로(면) 90g
물(삶는 용) 3ℓ
소금(삶는 용) 30g
1cm 두께로 슬라이스 한
황새치 120g
방울토마토 150g
마늘 1쪽
엑스트라 버진 올리브유 50ml
딜*(허브) 10g
소금 적당량
(기호에 따라) 후추 약간

만드는 과정

1 황새치는 껍질을 벗겨 살을 바르고 칼을 기울여 비스듬히 토막 낸다.
2 방울토마토는 4등분하고 마늘은 곱게 다진다.
3 딜은 잎을 뗀 후 신선한 장소에 보관한다.
4 팬에 올리브유 1/2을 두르고 다진 마늘을 타지 않도록 살짝 볶는다.
5 황새치를 넣어 약 1분 정도 맛이 배도록 익힌다.
6 방울토마토를 넣고 약한 불에 약 3분간 더 익힌다.
7 소금으로 간하고 기호에 따라 후추를 뿌린다.
8 끓는 물에 소금을 넣고 카펠리 단젤로를 5분간 삶는다.
9 타지 않도록 7에 파스타 삶은 물을 조금 넣는다.
10 9에 익힌 면을 건져서 넣고 나머지 올리브유, 딜을 넣은 후 몇 초간 센 불에서 팬을 앞뒤로 흔들며 잘 섞는다. 이때 장식용으로 딜을 조금 남긴다.
11 접시에 담아 딜을 뿌린다.

호박, 가리비를 넣은 부까띠니
Bucatini alla zucca, cappesante e maggiorana

호박, 가리비, 마조람은 특히 내가 좋아하는 식재료로 서로 맛이 잘 어울린다. 한국에서 돼지고기와 새우젓이 궁합이 잘 맞는 음식으로 알려져 있듯이 이탈리아에서는 호박과 마조람이 서로 궁합이 잘 맞는 음식으로 알려져 있다.

1인분 재료

부까띠니*(면) 90g
물(삶는 용) 3ℓ
소금(삶는 용) 30g
늙은 호박 100g
껍질 벗긴 가리비 90g
신선한 작은 마조람*(허브)
3줄기
셜롯*(작은 양파) 1개
마늘 1쪽
브랜디 50ml
엑스트라 버진 올리브유 50ml

만드는 과정

1 호박은 껍질을 벗기고 씨를 모두 제거한 후 0.5mm로 슬라이스해 사방 2cm의 사각형으로 자른다.
2 가리비는 찬물에 잘 씻어 물기를 제거하고 사방 1cm 정도의 사각형으로 자른다.
3 셜롯은 잘게 다져, 팬에 올리브유 10ml를 두르고 살짝 튀기듯 볶는다.
4 1의 호박을 넣고 부드러워질 때까지 약 5분간 볶는다.
5 불에서 내린 후 마조람 두 줄기에서 잎을 따 넣는다.
6 끓는 물에 소금을 넣고 부까띠니를 12분간 삶는다.
7 다른 팬에 올리브유 20ml를 두르고 마늘을 다져 넣은 다음 가리비를 넣는다. 센 불에서 브랜디를 붓고 불을 붙여 알코올 성분을 날린다.
8 5를 7에 넣어 모든 재료가 서로 맛이 잘 배도록 혼합해 준다.
9 익힌 면과 올리브유 20ml를 넣고 센 불에서 팬을 앞뒤로 흔들어 잘 섞는다.
10 접시에 담고 남은 마조람 한 줄기에서 잎을 따 뿌린다.

파프리카 스파게티
Spaghetti ai peperoni rossi e gialli

채식주의자를 위한 파스타로 유지방이 들어간 크림을 이용하지 않고 파프리카를 크림화하여 크림 파스타를 만들었다. 종종 파프리카가 소화가 안된다는 말이 있는데 그것은 파프리카 안쪽의 흰 부분까지 사용하기 때문이다. 파프리카 안쪽은 소화를 방해하는 성분이 있다. 소화 기능이 좋지 않은 사람은 특히 파프리카와 피망을 먹을 때 흰 부분을 깨끗하게 제거하고 먹는 것이 좋다.

1인분 재료

스파게티(면) 90g
물(삶는 용) 3ℓ
소금(삶는 용) 30g
양파 60g
붉은 파프리카 1개
노란 파프리카 1개
엑스트라 버진 올리브유 50ml
이태리 파슬리*(파슬리) 10g
소금, 후추 적당량

만드는 과정

1 파프리카는 두 개 모두 씨를 제거하고 양파와 함께 채 썬다.

2 이태리 파슬리는 곱게 다진다.

3 팬에 올리브유 전부를 두르고 약한 불에서 양파를 3분간 투명한 금빛이 될 때까지 볶는다.

4 파프리카를 넣어 자체의 수분만으로 익도록 2분간 살짝 볶는다. 절반 분량을 덜어내고 소금과 후추로 간한다.

5 끓는 물에 소금을 넣고 스파게티를 9분간 삶는다.

6 파프리카를 볶은 팬에 파스타 삶은 물을 조금 넣고 4~5분간 더 익힌다.

7 푸드프로세서나 믹서에 6을 모두 넣고 파스타 삶은 물을 조금 더 부은 후 부드러운 크림 상태가 되도록 갈아 준다.

8 7을 팬에 다시 붓고 덜어 놓았던 파프리카를 장식용으로 몇 조각 남긴 다음 나머지도 팬에 넣는다.

9 서로 잘 어우러지도록 1분간 익힌다.

10 익힌 면을 건져 팬에 넣고 몇 초간 센 불에서 팬을 앞뒤로 흔들어 잘 섞는다.

11 접시에 담고 남겨 둔 파프리카를 얹은 후 다진 이태리 파슬리를 뿌린다.

아스파라거스와 꽃게를 넣은 푸질리
Fusilli al granchio e asparagi

이탈리아의 봄은 아스파라거스가 많이 나오는 계절인데, 아삭한 아스파라거스는 꽃게살의 부드러움과 잘 어울린다. 한국에서도 제철 음식이 있듯이 이탈리아에서도 계절 별로 제철 야채가 있다. 봄에는 아스파라거스, 여름에는 토마토, 가을에는 포르치니 버섯을 포함한 버섯류, 겨울에는 아티초크가 제철이다. 그래서 계절이 바뀔 때마다 각 레스토랑에서는 제철 특별 음식을 내놓느라 분주한데 봄이 되면 이 파스타를 즐겨 선보인다.

1인분 재료
푸질리*(면) 90g
물(삶는 용) 3ℓ
소금(삶는 용) 30g
신선한 게살 140g
아스파라거스 100g
마늘 1쪽
브랜디 50ml
엑스트라 버진 올리브유 50ml
이태리 파슬리*(파슬리) 10g
소금, 후추 적당량

만드는 과정
1 아스파라거스는 주방용 실을 이용하여 한 묶음으로 묶는다.
2 고운 체에 받쳐 게살을 물에 깨끗이 헹구고 마른 천에 올려 물기를 잘 제거한다.
3 마늘과 이태리 파슬리는 곱게 다진다.
4 끓는 물에 소금을 넣고 아스파라거스를 3분간 데친 후 건져 얼음물에 담근다. 이 물은 파스타를 삶을 때 쓰기 위해 남겨 둔다.
5 식은 아스파라거스의 물기를 제거하고 머리 부분은 따로 자르고 나머지는 1cm길이로 자른다.
6 아스파라거스 삶은 물에 푸질리를 9분간 삶는다.
7 팬에 올리브유 1/2을 두르고 다진 마늘을 볶는다.
8 2의 게살을 넣어 센 불에 브랜디를 붓고 불을 붙여 알코올 성분을 날린다.
9 데친 아스파라거스를 넣고 소금과 후추로 간한 다음 약한 불에서 2분간 더 익힌다.
10 익힌 면을 건져 팬에 넣고 나머지 올리브유와 다진 이태리 파슬리를 넣어 센 불에서 팬을 앞뒤로 흔들어 잘 섞는다. 이때 이태리 파슬리는 장식용으로 조금 남겨 둔다.
11 접시에 담고 남긴 이태리 파슬리를 살짝 뿌린다.

나폴리식 파스타 샐러드
Insalata fredda di conchiglie alla napoletana

샐러드식 파스타로 면과 모든 재료를 각각 따로 조리해 차갑게 먹는 나폴리 스타
일이다. 이 파스타 맛의 포인트는 신선한 물소 젖 모짜렐라 치즈에 있다. 물소 젖 모짜렐라는 이태리 남부 깜빠니
아Campania지역의 특산물로 나폴리Napoli와 까제르따Caserta에서는 아직도 작은 공장에서 전통적인 방법으로 이를
생산하고 있다. 매일매일 만들어 내기 때문에 신선한 모짜렐라 치즈를 구입하기 위해 가게 앞에 줄을 서기도 한다.
135 페이지를 보면, 물소 젖으로 모짜렐라 치즈를 손으로 만드는 것을 볼 수 있다.

1인분 재료	만드는 과정
꼰낄리에*(면) 90g	1 끓는 물에 소금을 넣고 꼰낄리에를 10~11분간 삶는다.
물(삶는 용) 3ℓ	2 익힌 꼰낄리에를 건져 흐르는 찬물에 식힌다. 물에서 건져 마른 천으로 잘 닦은 후, 넓은
소금(삶는 용) 30g	용기에 담아 올리브유 1/2을 넣고 파스타가 서로 붙지 않도록 잘 섞는다.
방울토마토 120g	3 방울토마토는 4등분하고 모짜렐라 치즈는 사방 1cm의 주사위 모양으로 자른다.
물소 젖 모짜렐라 치즈 125g	4 바질 몇 잎을 장식용으로 남기고 나머지는 가늘게 채 썬다.
신선한 바질*(허브) 10g	5 마늘은 잘게 다진다.
마늘 반쪽	6 볼에 준비한 모든 재료를 넣고 나머지 올리브유를 부어 잘 섞는다.
엑스트라 버진 올리브유 50ml	7 2의 꼰낄리에를 넣어 함께 섞는다.
소금, 후추 적당량	8 접시에 담아 바질 잎으로 장식한다.

생참치와 루꼴라로 맛을 낸 딸리아뗄레

Tagliatelle al tonno fresco, rucola e pomodorini

이 파스타는 생 참치를 포함한 모든 재료를 살짝 요리해 재료의 맛을 그대로 살리도록 조리하는 것이 중요하다. 생 참치를 보관하는 방법을 소개하면, 참치에 소금과 후추, 딜을 뿌린 후 참치와 비슷한 크기의 깨끗이 소독한 유리병에 넣는다. 올리브유를 참치가 전부 잠기도록 붓고 뚜껑을 잘 닫는다. 그리고 냄비에 물을 넣고 팔팔 끓이는데 이때 물의 높이는 뚜껑을 제외한 병 부분이 잠기는 정도로 한다. 물이 끓으면 병을 담가 1kg당 18~20분 정도 끓인 후 대리석 판 위에 뒤집어 놓아 식힌다. 대리석 판에 놓는 이유는 금방 차가워지기 때문인데 만약 구하기 어렵다면 나무 판에 뒤집어 놓아도 좋다. 이렇게 준비한 참치는 캔 참치처럼 오래 보관할 수 있을 뿐 아니라 맛도 좋다.

1인분 재료

딸리아뗄레*(면) 90g
물(삶는 용) 3ℓ
소금(삶는 용) 30g
1cm두께의 신선한 참치 150g
방울토마토100g
마늘 1쪽
루꼴라* 30g
엑스트라 버진 올리브유 50ml
소금 적당량

만드는 과정

1 참치는 껍질을 벗겨 사방 1cm의 사각형으로 자른다.
2 방울토마토는 4등분하고 마늘은 잘게 다진다.
3 루꼴라는 깨끗이 씻어 물기를 없애고 줄기를 제거한다.
4 끓는 물에 소금을 넣고 딸리아뗄레를 8~9분간 끓인다.
5 팬에 올리브유 1/2을 두르고 마늘을 센 불에서 볶는다.
6 참치, 방울토마토를 순서대로 넣어 볶는다.
7 소금으로 간하고 센 불에서 약 4분간 더 익힌다.
8 익힌 면을 건져 팬에 넣고 나머지 올리브유를 넣은 다음 루꼴라를 넣어 센 불에서 팬을 앞뒤로 흔들어가며 잘 섞는다. 이 때 루꼴라는 장식용으로 몇 잎 남겨둔다.
9 접시에 담아 남겨 둔 루꼴라 잎으로 장식한다.

가재 새우와 버섯을 곁들인 부까띠니

Bucatini agli scampi e funghi

이탈리아 북서쪽 해안가인 리구리아Liguria 지역의 칭꿰떼레Cinque Terre는 이탈리아어로 다섯 개의 땅이란 뜻으로 5개의 해안 마을이 바다를 향해 가파른 계단 형태로 자리 잡고 있어 여행의 묘미를 전해 주는 곳이다. 아내와 해안가를 따라 5시간 이상 하이킹을 하기도 했는데 바다 옆 가파른 절벽에도 포도가 자라는 생명력 있는 곳이다. 이 파스타의 가재새우와 버섯의 조화는 마치 산과 바다가 서로 어우러지는 칭꿰떼레를 연상케 한다.

1인분 재료

부까띠니*(면) 90g
물(삶는 용) 3ℓ
소금(삶는 용) 30g
껍질 벗긴 가재 새우 몸통 80g
새송이 버섯 70g
마늘 1쪽
이태리 파슬리*(파슬리) 10g
신선한 로즈마리*(허브) 10g
빵가루 20g
엑스트라 버진 올리브유 50ml
브랜디 50ml
소금 적당량

만드는 과정

1 마늘, 이태리 파슬리, 로즈마리는 각각 따로 다진다.
2 빵가루에 다진 마늘 1/2, 이태리 파슬리의 1/2, 로즈마리 전부를 넣고 잘 섞어 향이 나는 빵가루를 만든다.
3 버섯은 얇게 슬라이스한다.
4 팬에 버섯과 올리브유 1/2, 나머지 다진 마늘과 이태리 파슬리를 함께 넣고 약한 불에서 3분간 볶은 다음 소금으로 간한다. 이것을 이태리어로 '뜨리폴라레 trifolare'라 한다.
5 다른 팬에 올리브유 1/2을 충분히 데워 가재새우를 넣고 약 1분간 센 불에서 노릇하게 익힌 후 소금으로 간한다. 브랜디를 붓고 불을 붙여 알코올 성분을 날린다.
6 브랜디가 완전히 증발되면, 준비한 향이 나는 빵가루를 넣어 빵가루가 가재새우에 잘 묻도록 팬을 앞뒤로 흔들어 잘 섞는다.
7 끓는 물에 소금을 넣고 부까띠니를 10분간 삶아 건져 4의 뜨리폴라레에 넣는다.
8 7에 5의 가재새우를 넣고 센 불에서 몇 초간 팬을 앞뒤로 흔들어 잘 섞는다.

시칠리아식 페스토 파스타

Nastri al pesto siciliano

시칠리아식 페스토는 건강식으로도 손색이 없다. 일반적인 페스토와는 다르게 토마토, 아몬드, 빨간 고추의 고소하고 매콤한 맛이 더해져 아주 특별한 맛이 난다. 페스토는 한국의 고추장과 같이 각 가정에서 만드는 소스이다. 각 가정마다 만드는 방법이 가지각색인데, 보통은 집 앞 텃밭에서 키우는 야채와 좋아하는 견과류, 올리브유를 넣고 만든다. 우리 집은 루꼴라와 잣을 넣은 루꼴라 페스토를 만들곤 했다.

1인분 재료

나스뜨리*(면) 90g
물(삶는 용) 3ℓ
소금(삶는 용) 30g
신선한 바질*(허브) 20g
아몬드 10g
신선한 홍고추 반개
완숙 토마토 1개
마늘 1쪽
이태리 파슬리*(파슬리) 5g
엑스트라 버진 올리브유 50ml
치즈 가루(라구사노*치즈
혹은 페코리노* 치즈
혹은 파르미쟈노* 치즈) 적당량
소금 적당량

만드는 과정

1 토마토는 끓는 물에 살짝 데쳐 껍질을 벗기고 씨를 제거한 후 사방 0.5cm의 주사위 모양으로 자른다.

2 이태리 파슬리를 곱게 다지고 홍고추는 어슷썬다.

3 바질 한 잎과 통 아몬드, 홍고추 슬라이스 몇 조각은 장식용으로 따로 둔다.

4 푸드 프로세서나 믹서에 토마토, 아몬드, 고추, 마늘, 치즈 가루, 올리브유 전부를 넣어 갈아 준다. 퓨레 정도로 갈리면 바질을 넣어 한번 더 갈아 부드러운 시칠리아식 페스토를 만든다.

5 끓는 물에 소금을 넣고 나스뜨리를 10~11분간 삶는다.

6 팬에 4의 페스토를 붓는다.

7 익힌 면을 건져 팬에 넣고 팬을 앞뒤로 흔들어 잘 섞되 불에는 올리지 않는다.

8 접시에 담아 따로 두었던 바질, 홍고추 슬라이스, 통아몬드로 장식하고 다진 이태리 파슬리를 뿌린다.

가리비 스튜 파스타

Orecchiette al ragout di cappesante

아주 신선한 가리비를 이용해야 제 맛을 낼 수 있는 파스타로 조리 시간이 짧은 스튜식 파스타다. 가리비는 아주 살짝만 익혀야 부드럽고 섬세한 맛을 낼 수 있다. 스튜식 파스타에는 작은 모양의 파스타 면은 다 잘 어울린다. 따라서 오렛끼엣떼가 아닌 자신이 좋아하는 모양의 면을 넣어도 좋다. 긴 면으로는 링귀니가 잘 어울린다.

1인분 재료

오렛끼엣떼*(면) 90g
물(삶는 용) 3ℓ
소금(삶는 용) 30g
150g 정도의 가리비 5개
완숙 토마토 1개
엑스트라 버진 올리브유 50ml
브랜디 50ml
이태리 파슬리*(파슬리) 10g
마늘 1쪽
세이지*, 마조람*, 타임*
(모두 허브) 잎 1장씩
소금, 후추 적당량

만드는 과정

1 가리비를 씻은 다음 물기를 제거한다. 관자는 남기고 나머지는 작은 사각형으로 자른다.
2 토마토는 끓는 물에 살짝 데쳐 껍질을 벗기고 씨를 제거한 후 사방 0.5cm의 주사위 모양으로 자른다.
3 마늘과 이태리 파슬리는 곱게 다진다.
4 끓는 물에 소금을 넣고 오렛끼엣떼를 12분간 삶는다.
5 팬에 올리브유 1/2을 두르고 다진 마늘과 다진 이태리 파슬리 1/2을 넣어 살짝 볶는다.
6 가리비를 넣어 맛이 잘 들도록 볶은 후 브랜디를 붓고 불을 붙여 알코올 성분을 날린다.
7 소금과 후추로 간한다.
8 다른 팬에 올리브유 한 줄기를 뿌리고 뜨겁게 데워 센 불에서 관자 양 면을 1분씩 익혀 소금과 후추로 간한다.
9 익힌 면을 건져 6에 넣어 섞는다.
10 토마토와 나머지 올리브유를 넣고 다진 이태리 파슬리도 소량만 남겨두고 함께 넣어 센 불에서 몇 초간 팬을 앞뒤로 흔들어 잘 섞는다.
11 접시에 담아 이태리 파슬리를 살짝 뿌리고 관자를 파스타 위에 올린 다음, 준비한 허브 잎으로 그 주위를 둘러 장식한다.

브로콜리 펜노니
Pennoni ai broccoli

채식주의자를 위한 파스타로 간단하고 쉽고 빠르게 요리해 먹을 수 있는 파스타다.
펜노니는 나폴리Napoli 지역에서 처음 만들기 시작한 면이다. 파스타는 원래 시칠리아Sicilia에서 처음 만들어졌는데 시칠리아의 따뜻한 기후에 파스타면이 잘 말랐다고 한다. 그 후 바다를 건너 나폴리로 전해졌고 나폴리에서는 파스타를 대량 생산해 산업으로 발전시켰다. 지금도 나폴리에는 옛날 방식으로 만드는 파스타 공장들이 많이 남아있다.

1인분 재료

골이 페인 줄 펜노니*(면) 90g
물(삶는 용) 3ℓ
소금(삶는 용) 30g
150g 브로콜리 1개
마늘 한쪽
홍고추 1개
완숙 토마토 1개
이태리 파슬리*(파슬리) 10g
염장한 안초비 1필렛
엑스트라 버진 올리브유
100ml

만드는 과정

1 브로콜리는 잘 씻어 칼로 작게 송이송이 자른다.
2 마늘은 아주 얇게 슬라이스하고 이태리 파슬리는 잘게 다진다.
3 고추는 씨를 제거하고 어슷썬다.
4 토마토는 끓는 물에 살짝 데쳐 껍질을 벗기고 씨를 제거한 후 사방 0.5cm의 주사위 모양으로 자른다.
5 끓는 물에 소금을 넣어 브로콜리를 3분간 데친 후 바로 얼음물에 담근다. 이 물은 파스타 조리용으로 남겨둔다.
6 브로콜리 삶은 물에 펜노니를 12분간 삶는다.
7 팬에 올리브유를 두르고 다진 이태리 파슬리의 1/2, 안초비, 마늘, 고추를 넣어 약한 불에 살짝 볶는다.
8 브로콜리를 넣어 살짝 볶는다. 너무 많이 익혀 신선한 푸른빛과 영양분이 변하지 않도록 주의한다.
9 익힌 면을 건져 팬에 넣고 토마토와 함께 센 불에서 몇 초간 팬을 앞뒤로 흔들어 잘 섞는다.
10 접시에 담아 남은 이태리 파슬리를 뿌린다.

까렛띠에라식 마늘 파스타
Tagliolini di aglio e basilico alla carrettiera

'까렛띠에라' 라는 말은 '마부의 요리' 라는 뜻으로 그만큼 아주 간단한 요리법이라
는 의미이다. 데운 올리브유에 토마토를 넣고 단시간에 익히기만 하면 완성이다. 로마에서 시작된 파스타로 로
마 사람들은 파스타에 의미를 부여하고 이름 붙이는 것을 좋아한다. 앞서 소개한 뿌따네스까도 로마사람들이 붙인
이름이다. 이런 이름은 파스타에만 붙을 뿐 일반적으로 다른 요리에는 사용되지 않는다.

1인분 재료	만드는 과정
딸리올리니*(면) 90g	1 토마토는 끓는 물에 살짝 데쳐 껍질을 벗기고 씨를 제거한 후 폭 0.5cm로 채 썬다.
물(삶는 용) 3ℓ	2 고추는 고리 모양으로 썰고, 마늘은 편으로 썬다.
소금(삶는 용) 30g	3 바질은 장식용으로 몇 잎 남기고 나머지는 가늘게 채 썬다.
완숙 토마토 1개	4 끓는 물에 소금을 넣고 딸리올리니를 7분간 삶는다.
홍고추 1개	5 팬에 올리브유 1/2을 두르고 마늘과 고추를 은근히 볶는다.
마늘 1쪽	6 토마토를 넣어 센 불에서 2분간 더 익힌 후 불에서 내린다.
신선한 바질*(허브) 10g	7 익힌 면을 건져 팬에 넣고 장식용을 제외한 바질과 나머지 올리브유를 넣는다.
엑스트라 버진 올리브유 50ml	8 잠시 동안 센 불에서 팬을 앞뒤로 흔들어 모든 재료들을 잘 섞는다.
소금 적당량	9 접시에 담아 바질 잎으로 장식한다.

5

특별한 날을 위한 파스타

특별한 날에 만들면 좋을 파스타로 우리를 놀라게도, 즐겁게도 하며 사랑에 빠지게도 한다. 식탁에 앉기
싫어하는 아이들에게, 사랑스런 연인에게, 생일을 맞은 친구에게 아무도 예상치 못한 재미있는 파스타를
만들어 주자.

이탈리아에는 아그리투리스모Agriturismo라는 형태의 전원민박이 한참 유행이다. 정부에서 인증한 곳만 손님을 받을 수가 있는데 자연환경과 그 곳의 음식, 숙박이 모두 기준 이상을 통과해야 인증을 받을 수 있다. 토스카나는 이탈리아에서도 특히 기후가 좋고 한가로운 전원 생활을 맛볼 수 있는 곳이어서 아그리투리스모를 처음 경험할 지역으로 토스카나를 골랐다. (역사적으로 유명한 피사나 피렌체 등이 토스카나 주(州)의 도시다.) 그 중 피렌체의 동남쪽에 위치한 산 지미냐노 San Gimignano는 유네스코에서 아름다운 마을로 지정하기도 해 토스카나에서도 특히 아름다운 곳으로 꼽힌다. 언덕에 있는 고성에서 내려다 본 마을은 평화로움 그 자체이다. 이 곳은 토스카나 유일의 DOCG 등급 화이트 와인 베르나차 디 산 지미냐노 Vernaccia di San Gimignano가 생산되는 마을이기도 해서 와인과 음식에 대한 기대를 안고 도착했다. 아니나 다를까 버선발로 나와 우리를 맞이해 준 주인내외가 준비한 저녁식사를 와인과 함께 약 7시간에 걸쳐 먹었다. 알고는 있었지만 토스카나 사람들의 여유로움과 느긋함에는 우리 둘 다 두 손을 들고 말았다.

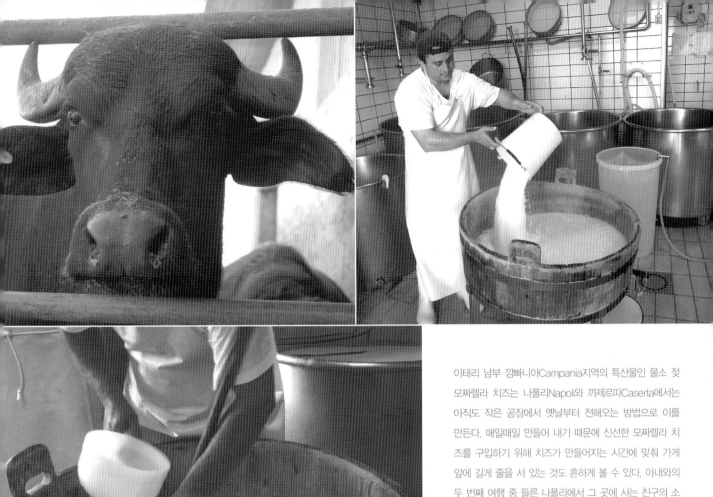

이태리 남부 깜빠니아Campania지역의 특산물인 물소 젖 모짜렐라 치즈는 나폴리Napoli와 까제르따Caserta에서는 아직도 작은 공장에서 옛날부터 전해오는 방법으로 이를 만든다. 매일매일 만들어 내기 때문에 신선한 모짜렐라 치즈를 구입하기 위해 치즈가 만들어지는 시간에 맞춰 가게 앞에 길게 줄을 서 있는 것도 흔하게 볼 수 있다. 아내와의 두 번째 여행 중 들른 나폴리에서 그 곳에 사는 친구의 소개로 물소 젖 모짜렐라 치즈 만드는 방법을 직접 볼 기회가 생겼다. 치즈를 만드는 곳에서 물소를 직접 기르고 아침마다 갓 짠 물소 젖으로 만드는데다가 모든 과정이 사람의 손을 거쳐 만들어지니 이 얼마나 신선하고 건강한 치즈인지! 생 모짜렐라 치즈의 마스코트인 동글동글한 치즈 모양도 사람이 일일이 손으로 잡아 뜯어 만드는 것을 보니 울퉁불퉁하고 일정하지 않은 것조차 건강하게 느껴졌다.

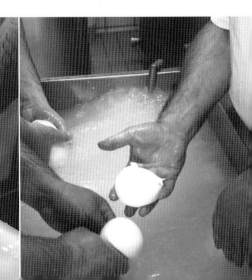

바다가재 펫뚜치네
Fettuccine all' astice

내가 가장 좋아하는 해산물 파스타로 아주 신선한 가재를 이용해야만 제 맛을 낼 수 있다. 지중해의 섬인 이탈리아 중부에 위치한 싸르데니야 Sardegna섬에서 먹어본 바닷가재는 잊을 수 없을 만큼 맛있었던 기억으로 남아 있다. 싸르데니야는 올리브 재배로 유명한 곳인데 100세 이상 되는 노인이 200명 넘게 있는 장수 지역으로도 많이 알려져 있다. 올리브와 올리브유가 장수에 도움이 된다는 사실을 입증하는 곳이다.

1인분 재료

펫뚜치네*(면) 90g
물(삶는 용) 3ℓ
소금(삶는 용) 30g
300g 정도의
신선한 바다가재 1마리
마늘 1쪽
방울토마토 100g
바질*(허브) 30g
브랜디 50ml
엑스트라 버진 올리브유 50ml
소금 적당량

만드는 과정

1 바다가재를 길이 방향으로 반듯하게 잘라준다. 꼬리 부위의 살점을 모두 발라내고 망치로 바다가재의 집게발을 쪼개 그 안의 살점을 꺼낸다. 발라 낸 살점을 모두 모아, 작은 조각으로 자른다.
2 가위를 이용해 바다가재의 머리를 깨끗이 잘라 씻는다.
3 바질은 장식용으로 한 잎 남기고 나머지는 가늘게 채썬다.
4 파스타를 삶을 끓는 물에 소금을 넣어 바다가재의 머리를 넣는다. 3분 뒤, 펫뚜치네를 넣어 함께 9분간 삶는다.
5 팬에 올리브유 1/2을 두르고 다진 마늘을 넣어 타지 않도록 노릇하게 볶는다.
6 바다가재 살점을 넣어 1분 정도 마늘 맛이 바다가재에 잘 배도록 익힌다.
7 브랜디를 붓고 불을 붙여 알코올 성분을 날린다. 불꽃이 꺼지면 4등분한 방울토마토를 넣는다.
8 소금으로 간하고 파스타 삶은 물 반 국자를 넣어 4분 정도 익힌다.
9 파스타 물에서 바다가재의 머리를 꺼내고 익힌 면을 건져 팬에 넣는다.
10 장식용을 제외한 바질과 남은 올리브유를 넣어 센 불에서 팬을 앞뒤로 흔들어 잘 섞는다.
11 접시에 담아 바다가재의 머리와 바질 잎으로 장식한다.

꼬떼끼노, 피스타치오로 맛을 낸 녹색 푸질리

Fusilli verdi al cotechino, mais e pistacchio

꼬떼끼노는 특별한 살라미의 하나로 이탈리아에서 크리스마스에 즐겨 먹는 음식이다. 꼬떼끼노를 크리스마스 때 먹으면 새해에 좋은 일이 생긴다는 설이 있다. 꼬떼끼노와 함께 크리스마스 때 빠질 수 없는 음식으로 파네토네가 있다. 파네토네는 밀라노에서 시작된 빵으로 설탕에 절인 오렌지나 레몬, 건포도 등을 넣어 만든다.

1인분 재료

녹색 푸질리*(면) 90g
물(삶는 용) 3ℓ
소금(삶는 용) 30g
셜롯*(작은 양파) 1개
이탈리아 산 DOP* 꼬떼끼노*
140g
옥수수 통조림 50g
깨끗하게 껍질 벗긴
피스타치오 50g
이태리 파슬리*(파슬리) 10g
엑스트라 버진 올리브유 50ml
(기호에 따라) 후추 약간

만드는 과정

1 꼬떼끼노는 시중에서 진공 포장된 것을 구할 수 있다. 진공 포장을 뜯지 않고 15분간 끓는 물에 담근다.
2 포장을 뜯어 내부에 있는 기름은 버리고 꼬떼끼노를 세로로 칼집을 내어 껍질을 벗겨내고 사방 1cm의 주사위 모양으로 자른다.
3 셜롯과 이태리 파슬리는 곱게 다진다.
4 옥수수 통조림은 국물을 따라내고 체에 받쳐 흐르는 찬물에 약 2분간 헹군 후 물기를 제거하고 잘 말린다.
5 피스타치오 절반 분량을 망치로 잘 으깬 후 으깨지 않은 나머지와 합쳐 놓는다.
6 끓는 물에 소금을 넣고 푸질리를 9~10분간 삶는다.
7 팬에 올리브유 전부를 두르고 다진 셜롯, 이태리 파슬리의 1/2을 넣어 노릇하게 볶는다.
8 피스타치오, 4의 옥수수를 순서대로 넣고 서로 맛이 잘 배도록 몇 초간 볶는다.
9 꼬떼끼노를 넣어 약 3분간 약한 불에서 익힌다. 필요시 파스타 삶은 물을 넣어 농도를 조절한다.
10 후추는 기호에 따라 첨가해도 되지만 꼬떼끼노의 짠 맛이 소스에 적당한 간을 주기 때문에 소금은 넣지 않는다.
11 익힌 면을 건져 팬에 넣고 다진 이태리 파슬리 일부를 넣어 센 불에서 몇 초간 팬을 앞뒤로 흔들며 잘 섞는다.
12 접시에 담고 다진 이태리 파슬리를 뿌린다.

고르곤졸라, 배로 맛을 낸 루오띠네
Ruotine colorate alle pere e gorgonzola

고르곤졸라 치즈를 좋아하는 사람들에게 사랑받는 파스타로 고르곤졸라의 짭짤한 맛이 배의 달콤함과 조화를 이룬다. 고르곤졸라 치즈는 영국의 스틸턴, 프랑스의 블뢰와 함께 유럽의 3대 블루 치즈 중 하나이다. 치즈 내부에 푸른곰팡이가 있어 짜고 스파이시한 맛이 나고 개인에 따라 호불호가 분명하게 나뉘는 치즈이기도 하다. 다른 치즈와 똑같은 과정을 거쳐 치즈 셀러에 습하게 보관하면 겉 부분에 푸르스름한 곰팡이가 생기는데, 쇠로 된 스틱으로 치즈 군데군데를 찔러주면 표면에 있는 곰팡이가 내부에 주입되어 이러한 푸른 대리석 모양이 생긴다.

1인분 재료

다양한 색상의 루오띠네*(면) 90g
물(삶는 용) 3ℓ
소금(삶는 용) 30g
150g 정도의 배 1개
고르곤졸라* 치즈 90g
생크림 100ml
버터 20g

만드는 과정

1 고르곤졸라 치즈는 사방 1cm 주사위 모양으로 잘라 몇 조각은 장식용으로 따로 둔다.
2 배는 껍질을 벗긴 후, 장식용 몇 조각은 초승달 모양으로 납작하게 자르고 나머지는 사방 0.5cm 주사위 모양으로 자른다.
3 팬에 생크림을 넣고 크림이 끓기 시작하면 고르곤졸라 조각을 넣는다. 치즈가 잘 녹아 부드러운 크림 상태가 되도록 저어가며 끓인다. 이때, 소금 간은 하지 않는다. 고르곤졸라가 소스에 알맞은 염도를 주기 때문이다.
4 끓는 물에 소금을 넣고 루오띠네를 9분간 삶는다.
5 다른 팬에 버터를 녹이고 장식용 배를 넣어 양면을 노릇하게 구워 꺼내고 나머지 배를 넣은 후 불을 높여 1분 정도 볶는다. 이때 버터가 타지 않도록 주의한다.
6 볶은 배에 3의 고르곤졸라 크림을 넣어 잘 섞어가며 약한 불에서 2분 정도 더 익힌다.
7 익힌 면을 건져 팬에 넣고 센 불에서 몇 초간 팬을 앞뒤로 흔들며 잘 섞는다.
8 접시에 담아 남겨둔 고르곤졸라 조각과 구워 낸 장식용 배를 올린다.

모르따델라를 곁들인 파스타 케이크
Timballo di tagliatelle alla mortadella e formaggio Asiago

팀발로란 이탈리아어로 팀파니란 뜻으로 팀파니와 비슷한 형태에서 붙여진 이름
이다. 이탈리아에서는 일반적으로 구워낸 파스타를 지칭하는 말이기도 하다. 보기 힘든 모양의 파스타라서 친구
들을 모아놓고 만들어 주면 요리 솜씨에 깜짝 놀라게 될 것이다.

1인분 재료

딸리아뗄레*(면) 90g
물(삶는 용) 3ℓ
소금(삶는 용) 30g
아시아고 치즈* 90g
두께 1mm로 얇게 슬라이스 한
모르따델라* 80g
생크림 100ml
이태리 파슬리*(파슬리) 5g

지름 10센티의 원통형 틀

만드는 과정

1 모르따델라는 매우 가늘게 채 썬 후 팬에 넣고 1/2만 센 불에서 바삭하게 굽는다.
2 이태리 파슬리는 곱게 다진다.
3 끓는 물에 소금을 넣고 딸리아뗄레를 9분간 삶는다.
4 팬에 생크림을 끓이다가 아시아고 치즈를 넣어 약한 불에서 치즈가 완전히 녹아 부드러
운 크림 상태가 될 때까지 잘 저어 가며 끓인다.
5 익힌 면을 건져내 팬에 넣고 굽지 않은 모르따델라 일부를 넣어 불에 올리지 않은 채로
잘 섞는다. 이때 파스타가 지나치게 묽어지지 않도록 주의한다.
6 오븐용 팬에 유산지를 깐 후, 그 위에 원형 틀을 놓고 파스타를 채운다. 잘 눌러 담아 팀
발로 형태를 만든다.
7 200℃ 오븐에서 4분간 굽는다.
8 오븐에서 꺼내 접시에 담고 팀발로 형태가 부서지지 않도록 조심스럽게 틀을 분리한다.
9 팀발로 주위에 구운 모르따델라와 굽지 않은 모르따델라를 섞어 뿌리고 아시아고 치즈와
다진 이태리 파슬리도 함께 뿌린다. 이때 장식용으로 구운 모르따델라 일부를 남기는 것도
잊지 않는다.
10 구운 모르따델라를 작은 뭉치로 말아 올린다.

오렌지를 곁들인 스뜨랏첸띠
Straccetti di germe di grano all' arancia

과일과 크림을 이용한 상큼하고 가벼운 느낌의 파스타이다. 오렌지는 속껍질을 제거하고 과육만을 사용하는데 이것을 '세그먼트 한다' 라고 말한다. 먼저 오렌지의 위, 아래를 잘라내고 속껍질이 있는 부분까지 깎아낸다. 이때, 모양을 좋게 하려면 오렌지 표면을 둥글게 깎기보다 각을 내며 깎는다. 다음은 양 쪽 속껍질 사이에 칼집을 넣어 과육만 잘라낸다. 이렇게 하면 모양 좋게 깨끗이 잘라낼 수 있다.

1인분 재료

곡물 씨눈으로 만든
스뜨랏첸띠*(면) 90g
물(삶는 용) 3ℓ
소금(삶는 용) 30g
오렌지 1개
생크림 100ml
버터 10g
브랜디 50ml
소금 적당량

만드는 과정

1 오렌지는 껍질을 아주 곱게 갈고 속껍질을 제외한 과육만 잘라낸다.(세그먼트 한다) 그릇 위에서 작업을 하여 흐르는 즙을 모아 둔다.
2 끓는 물에 소금을 넣고 스뜨랏첸띠를 10분간 삶는다.
3 팬에 생크림과 갈아 놓은 오렌지 껍질을 함께 넣고 끓여 반으로 졸인다.
4 다른 팬에 버터를 녹여 1의 오렌지 과육들을 넣은 후 몇 초간 익혀 맛을 낸다.
5 브랜디를 붓고 불을 붙여 알코올 성분을 날린 후 모아둔 오렌지 즙을 부어 불에서 내린다. 오렌지 조각은 건져서 따로 둔다.
6 3의 팬에 5의 오렌지 소스를 넣어 약한 불에 약 3분간 더 끓이고 소금으로 간한다.
7 익힌 면을 건져 팬에 넣고 센 불에서 몇 초간 팬을 앞뒤로 흔들며 잘 섞는다.
8 접시에 담아 5의 오렌지 조각으로 장식한다.

꽃게로 맛을 낸 지띠

Ziti al granchio

지띠라고 불리는 이 면은 짧은 튜브 모양을 하고 있는데 꽃게의 맛과 잘 어울린다. 꽃게 등딱지에 담아 장식하면 보기에도 좋다. 꽃게가 제철이 아니라면 킹크랩을 사용해도 맛이 좋다. 사람들이 직업 요리사인 나에게 궁금해 하는 것 중 하나가 재료와 파스타 면의 궁합이다. 재료와 면이 어울리는 기준이 무엇이냐고 묻는데, 솔직히 말하면, 파스타 면과 재료는 절대적인 어울림이라는 것이 없다. 음식이란 것은 자신의 기호에 따라 맛이 있고 없고가 결정되기 때문에 지극히 개인적인 취향이라는 것이 나의 의견이다. 지금까지 소개한 레시피도 자신이 좋아하는 면이 있다면 얼마든지 바꿔 요리해 봐도 좋다. 그런 시도를 하는 중에 정말 최고의 궁합이 발견될 수도 있으니 말이다.

1인분 재료

지띠*(면) 90g
물(삶는 용) 3ℓ
소금(삶는 용) 30g
200g 정도의 통통한 꽃게 1마리
완숙 토마토 1개
마늘 1쪽
신선한 로즈마리(허브) 10g
브랜디 50ml
엑스트라 버진 올리브유 50ml
소금, 후추 적당량

만드는 과정

1 팔팔 끓는 물에 꽃게를 넣어 뚜껑을 덮고 8분 정도 익힌다. 익히는 동안에 물이 계속 팔팔 끓어야 한다.

2 꽃게를 건져 식힌 후에 핀셋을 이용하여 꽃게 살을 모두 발라낸다. 꽃게 딱지는 집게발과 함께 요리 장식에 사용한다.

3 토마토는 끓는 물에 살짝 데쳐 껍질을 벗기고 씨를 제거한 후 사방 0.5cm의 주사위 모양으로 자른다.

4 마늘은 곱게 다진다. 로즈마리 잎도 줄기 하나와 잎 몇 장을 장식용으로 남기고 나머지는 곱게 다진다.

5 끓는 물에 소금을 넣고 지띠를 10~11분간 삶는다.

6 팬에 올리브유 1/2을 두르고 다진 마늘을 가볍게 금빛이 돌도록 볶는다.

7 다진 로즈마리를 넣어 마늘과 함께 볶는다.

8 꽃게 살을 넣어 센 불에서 볶은 다음 브랜디를 붓고 불을 붙여 알코올 성분을 날린다.

9 불꽃이 사라지면 토마토를 넣어 약한 불에서 소스들과 함께 잘 어우러지도록 2분 정도 더 끓인다.

10 소금과 후추로 간한다.

11 익힌 면을 건져 팬에 넣고 나머지 올리브유를 넣어 센 불에서 잠시 동안 팬을 앞뒤로 흔들며 잘 섞는다.

12 꽃게 등딱지 안에 파스타를 담고 집게발과 로즈마리 한 줄기로 장식한다. 파스타 위에는 로즈마리 잎을 뿌린다.

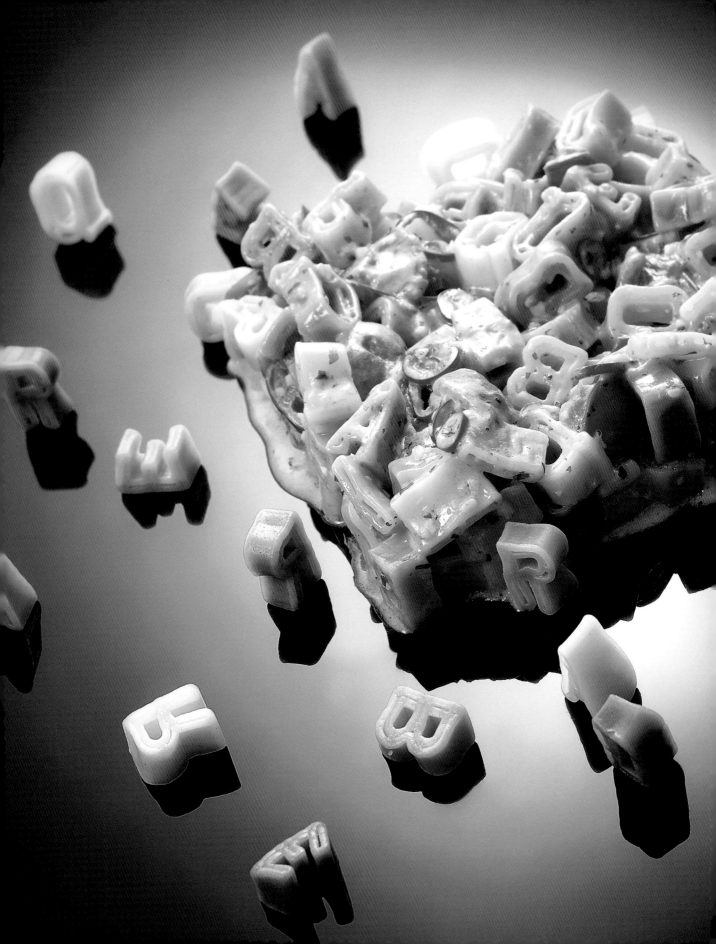

마늘 맛의 알파벳 파스타
Letterine all' agliata

아이들을 위해 만든, 마늘 향이 살짝 도는 순한 맛의 크림파스타이다. 이탈리아에서는 아이들이 식사에 흥미를 갖지 못하면 재미있는 모양의 파스타로 식사를 유도하기도 한다. 이 파스타 면을 이용해 아이와 함께 A에서 Z까지를 찾으며 알파벳을 공부해 보는 것도 좋은 방법일 것이다.

1인분 재료

알파벳 모양 파스타*(면) 90g
물(삶는 용) 3ℓ
소금(삶는 용) 30g
마늘 2쪽
토마토 1개
신선한 홍고추 1개
생크림 50ml
이태리 파슬리*(파슬리) 10g
엑스트라 버진 올리브유 약간
소금 적당량

만드는 과정

1 토마토는 끓는 물에 살짝 데쳐 껍질을 벗기고 씨를 제거한다.
2 이태리 파슬리는 곱게 다진다.
3 고추는 씨를 제거하고 얇게 슬라이스한다.
4 토마토 과육 3/4과 마늘, 소금 약간을 푸드프로세서나 믹서에 넣어 토마토 퓌레가 되도록 잘 갈아준다.
5 나머지 과육은 불규칙한 조각으로 자른다.
6 끓는 물에 소금을 넣고 알파벳 모양 파스타를 9~10분간 삶는다.
7 팬에 올리브유를 두르고 다진 이태리 파슬리 1/2, 홍고추를 함께 넣어 센 불에서 살짝 볶는다.
8 조각으로 자른 토마토를 넣고 4의 토마토 퓌레를 부어 끓인다.
9 생크림을 붓고 4분간 센 불에서 더 끓인다. 기호에 따라 소금 간을 한다.
10 익힌 면을 건져 팬에 넣고 남은 다진 이태리 파슬리를 뿌려 센 불에서 몇 초간 팬을 앞뒤로 흔들어 잘 섞는다.

생 프로슈토로 맛을 낸 동물 파스타

La pasta dello Zoo agli asparagi e prosciutto crudo

아이들을 위한 건강식 파스타로 각기 다른 동물 모양이 식사시간을 즐겁게 해줄 것이다.
이탈리아에는 총 200종이 넘는 파스타가 있다. 생활 속에 존재하는 모든 물건의 모양을 본떠 파스타를 만든다고 해
도 과언이 아니다. 물론 파스타 디자이너라는 직업도 존재한다. 파스타 디자이너들은 일년에 한번씩 발표회를 열기
도 하고 매해 마지막 날 올해의 단어를 발표하듯이 올해의 파스타를 발표하기도 하니 이탈리아인들의 파스타 사랑
은 실로 대단하다고 할 수 있겠다. 새로운 모양의 파스타를 발견하고 그 면에 어울리는 소스를 만들어 내는 것도 요
리사에게는 재미있는 일이다.

1인분 재료

동물 모양 파스타*(면) 90g
물(삶는 용) 3ℓ
소금(삶는 용) 30g
얇게 자른 생 프로슈토* 100g
아스파라거스 120g
셜롯*(작은 양파) 1개
버터 40g
소금, 후추 적당량

만드는 과정

1 아스파라거스는 끓는 소금물에 3분간 데친 후 얼음물에 담가 식힌 후 헝겊으로 물기를
제거한다.
2 식은 아스파라거스를 머리 부분은 2cm로 자르고 나머지는 어슷썬다.
3 생 프로슈토는 한 장을 장식용으로 남기고 나머지는 가늘게 채 썬다.
4 셜롯을 잘게 다진다.
5 끓는 물에 소금을 넣고 파스타를 9분간 삶는다.
6 팬에 버터를 타지 않도록 주의하며 녹이고 다진 셜롯을 넣어 센 불에서 노릇하게 볶는다.
7 아스파라거스를 넣어 셜롯과 함께 볶고 소금, 후추로 간한 다음 파스타 삶은 물을 조금
넣어 약한 불에서 약 2분간 졸인다.
8 익힌 면을 건져 팬에 넣고 채 썬 프로슈토를 면 위에 뿌려 불에서 내린 상태로 모든 재
료가 잘 혼합 되도록 팬을 앞뒤로 흔들어 잘 섞는다.
9 접시에 담아 슬라이스 하지 않은 프로슈토와 아스파라거스의 머리 부분으로 장식한다.

잣과 로즈마리를 곁들인 카카오 펜네

Penne di cacao ai pinoli e rosmarino

초콜릿 향이 나는 파스타와 잣, 로즈마리를 이용해 만든 크림파스타이다. 이탈리아에서도 밸런타인데이가 되면 연인끼리 초콜릿을 주고받지만 한국에서처럼 큰 행사는 아니어서 처음에는 다소 놀라기도 했다. 모든 사람들이 초콜릿을 선물하고 심지어 레스토랑에서도 특별 이벤트를 준비하니 말이다. 내가 일하고 있는 레스토랑도 예외는 아니어서 이벤트를 기획하다가 생각해 낸 파스타이다. 처음 내놓았을 때 손님들의 반응이 너무 좋아서 해마다 밸런타인데이가 되면 선보이고 있다.

1인분 재료

카카오맛 펜네*(면) 90g
물(삶는 용) 3ℓ
소금(삶는 용) 30g
마늘 1쪽
신선한 로즈마리*(허브) 15g
통잣 40g
생크림 150ml
버터 20g
소금, 후추 적당량

만드는 과정

1 마늘은 잘게 다진다. 로즈마리는 장식용으로 10여 개를 제외하고 나머지를 잘게 다진다.
2 통잣은 코팅된 팬에 넣고 센 불에서 약 3분 정도 구운 후 1/3은 장식용으로 남기고 나머지는 절구에 빻는다.
3 끓는 물에 소금을 넣고 카카오맛 펜네를 10~11분간 삶는다.
4 팬에 버터를 넣고 약한 불에 녹여 다진 마늘과 로즈마리를 넣어 몇 초간 노릇해지도록 볶는다.
5 다진 잣과 통잣의 1/2을 넣어 몇 초간 더 볶는다.
6 생크림을 붓고 소금과 후추로 간한 다음 약한 불에서 약 7분간 반으로 졸인다.
7 익힌 면을 건져 팬에 넣고 센 불에서 몇 초간 팬을 앞뒤로 흔들어 잘 섞는다.
8 접시에 담아 남은 통잣과 작은 로즈마리 잎들을 뿌린다.

밸런타인데이 파스타
Cuoricini allo spumante e rucola

밸런타인데이에 연인을 위해 만들면 좋을 요리이다. 연인이 좋아하는 재료를 넣어 만들어도 좋다. 하트 모양의 파스타 면이 담긴 접시를 내려놓는 순간, 두 사람을 행복하게 해줄 것이다.

1인분 재료

흰색과 붉은색 하트모양
파스타*(면) 90g
물(삶는 용) 3ℓ
소금(삶는 용) 30g
프로세꼬 종의 이탈리아
스파클링 와인 150ml
어린 루꼴라* 30g
생크림 50ml
버터 10g
소금 적당량

만드는 과정

1 스파클링 와인을 팬에 붓고 소금 간을 살짝 하여 양의 1/3가량이 증발하도록 끓인다.
2 생크림을 넣어 거품기로 잘 혼합하고 5분간 약한 불에서 천천히 끓인다.
3 불에서 팬을 내리고 버터를 넣어 거품기로 잘 섞는다.
4 끓는 물에 소금을 넣고 하트모양 파스타를 9분간 삶는다.
5 루꼴라 3장 정도를 장식용으로 남기고 나머지는 3과 함께 푸드프로세서나 믹서에 넣어 갈아준다.
6 5를 차이나 캡으로 거른다.
7 팬에 6을 붓고 익힌 면을 건져 넣은 다음 불에서 내린 채로 팬을 앞뒤로 흔들며 잘 섞는다. 이때, 루꼴라의 색이 변하거나 신선도가 떨어지지 않도록 주의한다.
8 접시에 담고 루꼴라 잎으로 장식한다.

Italian Pasta

Bow Ties with Vegetables

Farfalle Arlecchino all' ortolana

My father used to make this pasta using vegetables freshly picked from his garden. My father was a wonderful cook and I remember his cooking for its homespun simplicity. Use the freshest seasonal vegetables you can find and be sure not to overcook them. The secret is to keep the vegetables crisp so they have a crunch when you bite into them.

Serves 1
INGREDIENTS

90g 3 different colors of bow tie pasta
1 shallot
70g red pepper
70g zucchini
60g eggplant
60g plum tomatoes
100ml extra virgin olive oil
10g fresh basils
salt and black pepper

METHOD

1 Cut the tomatoes into quarters and chop the shallot very finely.

2 Cut the zucchini, red pepper and eggplant into small pieces about 1cm.

3 Heat 1/2 of the extra virgin olive oil in a pan and fry the eggplant, zucchini, red pepper separately in extra virgin olive oil until brown but not burnt then drain the oil.

4 Add salt to a pot of boiling water and cook the bow tie pasta for about 9 minutes until al dente.

5 Heat the extra virgin olive oil and add the chopped shallot, saute until they are transparent. Add the tomatoes and cook for 2 more minutes.

6 Add the cooked eggplant zucchini and red pepper to the pan and stir well. Cook for 1 more minute until all the vegetables are crispy.

7 Season with salt and black pepper. Drain the pasta and add to the pan.

8 Add the julienned basil and sprinkle with a few drops of extra virgin olive oil, then toss well over high heat.

9 Garnish with fresh basil leaves and serve immediately.

Clam Spaghetti
Spaghetti di Gragnano alle vongole

This is the first pasta that I ever made when I was 14 years old. I was lucky enough to cook this pasta when I worked on the coast of Liguria. Italy has thounsands of miles of coastline and it should come as no surprise that clams and mussels play an extremely important part in the Italian cuisine. Liguria is the place that I recommend for the clams and seafood in general. Be happy as Liguria clams.

Serves 1
INGREDIENTS

90g Gragnano spaghetti
15 fresh clams
1 ripe tomato
2 cloves garlic
10g fresh parsley
100ml extra virgin olive oil
red pepper flakes

METHOD

1 Rinse the clams under cold running water and soak them for at least 2 hours.

2 Mince the 1 clove of garlic very finely and crush the other clove of garlic.

3 Chop the fresh parsley very finely and reseve 2 sprigs.

4 Prepare the tomato in concass.

5 Heat 50ml of the extra virgin olive with 1 clove of crushed garlic and 2 reseved sprigs in oil over high heat for a few seconds. Add the clams and cover and leave for 2 minutes until the clams open.

6 Remove the clams from the heat and drain them. It is best to discard any closed clams. Place a clean linen cloth over a steel or plastic bowl and filter the clam stock through the cloth. This step is very important as there can be sand, grit and clam shell debris in the juice. Reserve the filtered juice.

7 Remove the flesh from 1/2 of the clams and leave the rest in their shells.

8 Put a large pot of salted water on to boil and cook the pasta for about 9 minutes.

9 Heat 30ml of the extra virgin olive oil with garlic and 1/2 of chopped parsley over medium heat.

10 Add the clams and red pepper flakes to simmer for a few seconds.

11 Add the clam juice and stir until the sauce thickens.

12 Drain the pasta and add it to the pan.

13 Add the tomatoes, the rest of extra virgin olive oil and some of the chopped parsley to the pan. Toss to coat evenly over high heat.

14 Garnish with the rest of fresh parsley.

Spaghetti Carbonara
Spaghetti alla carbonara

The best carbonara that I have ever had was in Trastevere, the heart of old Rome. This is absolutely the best carbonara I've ever eaten for its superb flavor and silky texture. Every chef has his own particular way of serving this dish, but this is my own preference. This dish is so simple to prepare with great basic ingredients, pancetta (bacon), egg yolk and cream.

Serves 1
INGREDIENTS

90g spaghetti
120g pancetta or bacon
2 egg yolks
100ml fresh cream
50g grated parmesan or pecorino cheese
freshly ground black pepper

METHOD

1 Cut the sliced pancetta.
2 Place the pasta in a large pot of salted boiling water and cook for about 9 minutes until al dente.
3 Place the grated cheese, fresh cream, egg yolk and black pepper in a bowl. Whisk well.
4 Cook the pancetta over high heat until crispy and golden brown.
5 Drain the pasta and add it to the pan. Add the egg and cream mixture to the pan.
6 Stir and toss together over high heat until the pasta is coated and creamy. The pasta will cook the egg enough to give you a silky smooth sauce.
7 Sprinkle with the ground black pepper.

PS. For the preparation of this recipe, (as it was originally intended when it was born in the Lazio region), certain kinds of ingredients, (impossible to find in Korea), should be used following a different preparation. Still, for professional ethics I will explain.

First of all, according to the original recipe, it should use the "guanciale", which is the marinated cheek of the pork, and "pecorino romano", goat's cheese that has a scent and taste more intense than a normal cow's cheese. But particularity what separates the original recipe from the usual recipes of carbonara, is in the preparation it does not require cream for the liquid base, but instead, in the same quantity of the cream, only the boiling water of the pasta to be added slowly to the yolk, pecorino cheese and pepper.

Garlic and Oil Pasta

Linguine di peperoncino all' aglio e olio

The classic ending to a nice evening spent with friends is a garlic and oil pasta. It is informally translated as the midnight pasta bash. It is usual in Italy for one of the friends to say; "Guys, why don't we go to my place for pasta?" It's almost midnight, and you really shouldn't go, but how can you say "no" to your friends? No way! This pasta is very quick and easy to make and requires only 3 ingredients: extra virgin olive oil, garlic, and red chili pepper.

Serves 1
INGREDIENTS

90g red chilli pepper flavored linguini
3 cloves of garlic
1 fresh red chili pepper
100ml extra virgin olive oil
fresh parsley
salt

METHOD

1 Begin by boiling the Linguini. Don't forget to add salt to the water. Cook the pasta for about 10 minutes until al dente, tender but still chewy.
2 Finely slice the garlic and red chili pepper.
3 Mince the parsley finely.
4 Heat the extra virgin olive oil and a pinch of salt in a pan.
5 Add the garlic and red chilli pepper and saute until fragrant about 2 minutes.
6 Add 2 tablespoons of pasta cooking water to the pan.
7 Drain the pasta and add it to the pan. Toss well to mix and coat the pasta with oil.
8 Garnish with chopped parsley. Serve immediately.

Cuttlefish with Black Rigatoni
Rigatoni alle seppie col loro nero

This requires fresh cuttlefish because you will need the contents of one or two ink sacks. It was very hard to find live cuttlefish in Korea but I was able to find some by chance at a local seafood market in Chungcheongnam-do. After that I have been able to make this pasta dish using live cuttlefish at Buonasera Restaurant. This is a black and elegant dish that is simply irresistible!

Serves 1
INGREDIENTS

90g rigatoni
150-200g
fresh cuttlefish
1 shallot
60g plum tomatoes
50ml extra virgin
olive oil
100ml dry white wine
5g marjoram
5g fresh parsley
salt and black pepper

METHOD

1 Chop the shallot and parsley very finely.
2 Cut the tomatoes into quarters.
3 Boil the pasta in plenty of salted water for 11~12 minutes until al dente.
4 Set a pan on the stove and saute the shallot and parsley in the oil over high heat until lightly golden.
5 Add the cuttlefish and tomato to the pan and saute for about 2 minutes.
6 Add the wine and bring the mixture to a simmer for about 2 minutes.
7 Add the ink to the sauce and stir well.
8 Season with salt and black pepper to taste and continue to simmer over low heat for about 3 minutes. Reduce the sauce until you reach the right consistency. Add the past cooking water if it becomes too dry.
9 Drain the pasta and add it to the sauce and toss over high heat until evenly coated very dark.
10 Decorate with marjoram and serve immediately.

PREPARATION
Rinse the cuttlefish under cold running water. Cut the body in half lengthwise and remove and discard the cuttlebone inside the body.
The ink sac will be in the innards. Cut the body into thin strips then cut the tentacles in half. Remove the ink from the sac and place it into a bowl.

162

Pasta Salad
Spaghetti alla crudaiola

A simple, quick and tasty pasta dish that is ideal for summer. After having this pasta dish, you should have a granita, the sweetened crushed ice dessert flavored with lemons, almond, orange, and berries is very refreshing in the summer. It is practically a habit in Sicily. Some of my fondest memories of my visit to Sicily with my wife are of sitting in a cafe in Erice, we couldn't stop eating the granita and had to try all the different flavors. That's what I call paradise!

Serves 1
INGREDIENTS

90g spaghetti
120g plum tomatoes
1 clove of garlic
50ml extra virgin olive oil
15g fresh basils
salt and black pepper

METHOD

1 Cut the tomatoes into quarters. Mince the garlic very finely.
2 Cut the basil into thin slices.
3 Cook the pasta in a large pot of salted boiling water for about 9 minutes until al dente.
4 Season everything with extra virgin olive oil, salt and black pepper and stir well.
5 Put the tomatoes in a pan and reduce over high heat for about 3 minutes.
6 Drain the pasta and turn off the heat and toss well with the tomatoes.
7 Decorate with basil leaves.

Genovese Pesto Pasta

Trenette al pesto genovese

This is one of my favorite pasta dishes that most reminds me of Italy.
In Genova it is traditional to boil a peeled potato and string beans along with the pasta. Handmade pesto is indeed better because the ingredients have been worked less, but blender pesto is fine as long as you use the finest, freshest ingredients available.

Serves 1
INGREDIENTS

90g trenette
30g fresh basil leaves
100ml extra virgin olive oil
1 clove of garlic
10g pine nuts
40g grated parmesan cheese
5g grated pecorino cheese
40g string beans
40g potatoes
salt and black pepper

METHOD

1 Peel the potatoes and cut them into strips about 1cm wide and 3cm in length.

2 Cut the string beans about 3cm.

3 Bring a large pot of water to a boil. Add salt and cook the pasta for 9~10 minutes until al dente. Add potatoes to the pot 3 minutes after the pasta and add the beans 3 minutes before you drain the pasta.

4 Put 1/2 of the extra virgin olive oil, the garlic and the pine nuts in a food processor. Start mixing well, add the basil and oil little by little.

5 Add the cheese and mix constantly until creamy. Keep the pesto chilled on ice. This will maintain the green color of the pesto sauce.

6 Season with salt and black pepper to taste.

7 Before draining the pasta, divide the pesto in half and put one half of the pesto into a pan. Drain the pasta with potatoes and beans and add them to the pesto sauce and mix well.

8 Turn off the heat toss well to mix and coat the pasta with the pesto sauce.

9 Add the remaining half of pesto and mix well.

10 Garnish with whole pine nuts and fresh basil.

Amatriciana with Bucatini

Bucatini all' amatriciana

Bucatini is my favorite shape of pasta. It's a thick rod shaped pasta with a hole in the center. If you prefer you could also spice this dish up a little by adding a pinch of red chili pepper. Bucatini and pancetta are the best combination for this zesty pasta dish, but you can also use spaghetti.

Serves 1
INGREDIENTS

90g bucatini
60g pancetta
40g onion
140g plum tomatoes
red chili pepper
30ml extra virgin olive oil
10g fresh basils
salt and black pepper

METHOD

1 Julienne the onion and pancetta and basil.

2 Cut the tomatoes into quarters.

3 Heat 1/2 of the extra virgin olive oil with the onions in a pan and saute until the onions are soft and translucent. Add pancetta and cook until golden brown.

4 Add a pinch of red chili pepper and the tomatoes. Bring to a simmer and cook over medium heat for about 8 minutes.

5 Bring a large pot of water to a boil and add salt and the pasta. Cook the pasta for about 12 minutes until al dente.

6 Drain the pasta, then add it to the sauce. Add the rest of extra virgin olive oil and fresh basil then toss together.

7 Garnish with basil leaves and serve immediately.

Spaghetti with Black Pepper and Cheese
Spaghetti al cacio e pepe

This is a typical and much beloved dish from Abruzzi. This dish is so easily prepared that the delicious result is a surprise. Due to the simplicity of its preparation, it might result in nothing special if the right ingredients are not used, therefore it is fundamental to use a suitable cheese, like "caciocavallo abbruzzese", seasoned for at least 8 months, a good whole black pepper to be grated at the moment of cooking and a delicate and scented extra virgin olive oil. You will find this pasta dish very easily at a trattoria anywhere in Italy.

Serves 1
INGREDIENTS

90g spaghetti
100ml extra virgin olive oil
100g provolone or caciocavallo cheese
freshly ground black pepper

METHOD

1 Cook the pasta in a large pot of salted boiling water for about 9 minutes.

2 Heat the extra virgin olive oil over low heat in a pan until it reaches 60 degrees, just before it starts to smoke.

3 Add one tablespoon of the pasta cooking water to the pan and stir well. Do not let the extra virgin olive oil burn. If it gets too hot, the taste will be altered.

4 Drain the pasta and add it to the pan. Add the cheese and black pepper to taste.

5 Toss together over high heat until the cheese starts to melt.

6 Garnish with additional grated cheese and black pepper. Serve immediately.

Straccetti with Cream, Prosciutto, and Peas

Straccetti rossi alla panna, prosciutto e piselli

Personally I call this pasta 3P (Panna, Prosciutto, Piselli) and this is so delicious because it combines the rich taste of prosciutto with cream and beans. Also it has 4 different colors of red for straccetti, pink for prosciutto, green for beans, and white for cream. Buon Apetito!

Serves 1
INGREDIENTS

90g beet flavored straccetti
120g cooked prosciutto, sliced
60g peas
100ml cream
20g butter
1 shallot
salt and black pepper

METHOD

1 Boil peas in a large pot of boiling water for about 3 minutes. Remove and cool under ice water then drain them.

2 Mince the shallot finely.

3 Julienne the cooked prosciutto.

4 Cook the pasta in salted boiling water for about 8 minutes.

5 Melt the butter in a pan over medium-low heat. Add the shallots and cook until they have softened and turned a rich golden color.

6 Add the prosciutto and saute over high heat.

7 Add the cooked peas and cook, stirring frequently. Season lightly with salt and black pepper to taste.

8 Add the cream and cook for 4 more minutes until it has reduced by half.

9 Drain the pasta and toss it with the sauce over high heat. Add a little of the pasta cooking water if the sauce seems too dry.

Seafood with Black Fettuccini

Fettuccine nere ai frutti di mare

The most popular pasta dish both in Italy and Korea is seafood spaghetti and it is so easy to find anywhere. This is a great pasta dish using black fettuccini, a twist on the classic seafood spaghetti. My own version of this famous pasta dish! You can easily make your own version of this seafood pasta dish by choosing your own seafood and type of pasta.

Serves 1
INGREDIENTS

90g black fettuccini
4 mussels
4 clams
50g trimmed squid
5 shrimp
3 scallops
90g plum tomatoes
20g fresh basils
2 cloves of garlic
10g fresh parsley
100ml extra virgin olive oil

METHOD

1 Finely mince 1 clove of garlic and crush the other clove of garilc.

2 Cut the tomatoes into quarters. Mince the parsley finely.

3 Cut the basil into thin slices.

4 Rinse the mussels and clams under cold running water.

5 Heat 35ml of the extra virgin olive oil with 1 clove of crushed garlic in a pan and saute over high heat.

6 Add the mussels and clams to the pan, cover and cook until the shell-fish open, then remove them from the heat.

7 Place a clean linen cloth over a steel or plastic bowl and filter the clam juice through the cloth. Reserve the filtered juice.

8 Cook the pasta in a large pot of salted boiling water for about 9 minutes until al dente.

9 Set a pan on the stove and saute the minced garlic and parsley in 35ml of the extra virgin olive oil.

10 Add the squid, shrimp, scallops and cooked mussels, clams to the pan and saute over medium heat.

11 Add the tomatoes and clam juice to the pan and saute over medium heat for about 4~5 minutes. Add some cooking water as needed to loosen the sauces consistency. Simmer to reduce the sauce.

12 Drain the pasta and add it to the pan. Stir and toss together with 30ml of extra virgin olive oil and the julienned basil over high heat.

13 Garnish with fresh basil leaves and serve immediately.

Spaghetti Puttanesca
Spaghetti alla puttanesca

What does the name Puttanesca actually mean? The name puttanesca is a derivation of puttana, which in Italian means "whore". According to one story, the dish was a quick, cheap meal that the owner of a brothel could prepare between customers. Another take is that the dish is named after the colorful cloths of prostitutes similar to the sauce's hot, spicy, and frisky flavors and pungent smell.

The ingredients for this pasta are typically Mediterranean such as olives, tomatoes, capers, fresh basil, anchovy fillets, and extra virgin olive oil.

Serves 1
INGREDIENTS

90g spaghetti
1 large tomato
30g Taggiasca or Greek olives, pitted
20g capers
1 clove of garlic
1 anchovy fillet
10g fresh basils
50ml extra virgin olive oil
crushed red pepper flaks

METHOD

1 Prepare the tomato in concassé. Mince the garlic finely.

2 Chop some of olives and cut the rest into half.

3 Chop the capers and leave some for garnish.

4 Cut the anchovy into thin slices.

5 Julienne the basil and leave some whole for garnish.

6 Bring a large pot of salted water to a boil and cook the pasta for 9~10 minutes.

7 In a saute pan, heat 1/2 of the olive oil and add the garlic and anchovy and saute until fragrant, about 1 minute.

8 Add all capers, olives to the pan.

9 Add tomato to the pan

10 Bring to a boil, then reduce the heat to low and simmer gently, stirring occasionally, for 2~3 minutes. Add the red pepper to taste.

11 Drain the pasta and add it to the sauce.

12 Toss in the basil and the rest of extra virgin olive oil over high heat for a few seconds. Toss well to mix and coat the pasta with the sauce.

13 Turn off the heat and season to taste with salt and black pepper.

14 Garnish with the remaining capers, olives, and tomatoes.

Strozzapreti with Beans and Pancetta
Strozzapreti alle favette e pancetta

This is a typical pasta dish from northern Italy. The northen regions in Italy are Lombardia, Liguria, Piemonte, Veneto and Emilia Romagna. A meat dish is eaten nearly everywhere in the north. If you are a fan of pancetta and beans you'll love this combination. It's fantastic!

Serves 1
INGREDIENTS

90g strozzapreti
130g pancetta
120g broad beans
1 small shallot
1 bunch sage
1 bunch rosemary
50ml extra virgin olive oil
freshly grated parmigiano or pecorino cheese
salt and black pepper

METHOD

1 Bring a pot of water to a boil, drop the beans into the water and cook until just under done, about 4 minutes. Drain the beans to cold water and chill, then drain again.

2 Finely mince the shallot.

3 Slice the pancetta lengthwise then cut it crosswise into cubes.

4 Boil the pasta in salted water for about 11~12 minutes until al dente.

5 Heat 1/2 of the extra virgin olive oil with shallot, rosemary and sage stalk until translucent and golden.

6 Remove the sage and rosemary from the pan, then add the pancetta over medium heat for about 3 minutes until crispy.

7 Add beans to the pan and season with salt and black pepper to taste.

8 Add 1 tablespoon of pasta cooking water to the pan and remove from the heat.

9 Drain the pasta and add it to the sauce with the rest of extra virgin olive oil.

10 Toss to combine and serve with freshly grated parmigiano or pecorino cheese to taste.

Penne Norma
Penne alla Norma

Penne alla Norma is a classic Sicilian pasta dish that everyone on the island grows up eating. The pasta "alla Norma" is a typical Sicialian dish. It was created to honor the great Sicilian composer Vincenzo Bellini who composed the famous opera "Norma" in 1831. It is important to use good quality tomatoes and eggplant for this savory pasta dish.

Serves 1
INGREDIENTS

90g penne
100g eggplant
90g plum tomatoes
10g fresh basil
150ml extra virgin olive oil
50g ricotta or provolone cheese
salt and black pepper

METHOD

1 Cut the eggplant into 1cm cubes.

2 Cut the tomato into quarters. Finely mince the garlic.

3 Cut the basil into thin strips.

4 In a pan gently pan-fry the eggplant in 100ml of the extra virgin olive oil until golden brown and place the eggplant on a paper towel to soak up the excess oil.

5 Boil the pasta in plenty of salted water for 9~10 minutes until al dente.

6 Heat 25ml of the olive oil in a pan saute the minced garlic until golden, then add the tomato and allow to sit for about 4 minutes.

7 Add the eggplant to the pan and season with salt and black pepper to taste, stir and simmer for 3 minutes.

8 Drain the pasta and add it to the pan and place the thinly sliced basil with a drizzle of extra virgin olive oil to the pan.

9 Toss together with the sauce, adding the grated parmesan and garnish with basil.

Maltagliati with Cheese and Mortadella
Maltagliati alla robiola e mortadella

Emilia-Romagna is the motherland of this pasta and Mortadella is a delicasy coming from the central region of Emilia Romagna. Mortadella is an Italian sausage and in fact a famed delicacy meat. In Parma they say, "The pig is like the music of Verdi; it's all good, there's nothing to throw away." And indeed pork is a cornerstone of Emilia-Romagna's cuisine.

Serves 1
INGREDIENTS

90g maltagliati
140g mortadella
100g robiola cheese
100ml cream
salt

METHOD

1 Mortadella and robiola cheese into small cubes of 1 cm.
2 Boil the cream in a pan.
3 Add the cheese to the cream. Stir to combine over low heat until smooth and creamy then remove from the heat.
4 Cook the pasta in salted boiling water for 6~7 minutes until al dente.
5 Drain the pasta and add it to the sauce. Add 2/3 of mortadella to the pan.
6 Toss through until evenly coated. If the sauce is too dry, add a few tablespoons of the pasta cooking water.
7 Sprinkle with the rest of the mortadella and serve immediately.

Penne with Four Cheeses and Walnuts

Penne ai quattro formaggi e noci

This is a typical northen Alps pasta dish. Polenta is an other dish that is the substenance of the northern Alps in Italy. It is a dish made from boiled cornmeal and eaten as a mush or porridge with cheese or sauces or sliced and fried or grilled to go with meat dishes.

This rich and creamy pasta is a great supplement for hikers and skiers.

Serves 1
INGREDIENTS

90g penne
40g asiago cheese
40g taleggio cheese
40g fontina cheese
20g gorgonzola cheese
10g grated parmesan
100ml cream
60g walnuts

METHOD

1 Lightly toast the walnuts for a few minutes in a nonstick pan, then let them cool and mince them with a knife, saving six whole walnuts for garnishing.

2 Cut all the cheeses into small cubes of 1 cm, keeping some cubes of each cheese for the final garnish.

3 Put the penne into boiling salted water for 10 minutes.

4 Pour the cream into a pan and bring to boil.

5 Add the cheese previously cut and the grated parmesan, mix constantly with a wooden spoon.

6 When you obtain a homogeneous and delicate cream remove from the heat. If the cream sauce is too dense, add some of the pasta water.

7 Drain the penne and add it to the cheese sauce. Also add the minced walnuts, then pan-fry for a few seconds.

8 Garnish with the reserved cheese cubes and the whole walnuts.

Reginette with Octopus, Beans and Tomato
Reginette al polpo, favette e pomodoro fresco

A simple, light, delicious, and healthy pasta dish! When you cook the octopus, bring it to a boil and lower the heat to a low boil for 1 hour until tender. It is recommendable to buy a smaller sized octopus. It is convenient to cook and prepare the octopus in advance. Puglian people enjoy very much raw fish dishes including fresh octopus. They prefer to eat the raw octopus with olive oil, lemon, and salt.

Serves 1
INGREDIENTS

90g reginette
150g cooked octopus
90g plum tomatoes
1 clove of garlic
100 ml extra virgin olive oil
salt and black pepper

METHOD

1 Cut the tomatoes into quarters. Finely mince the garlic.

2 Cook the beans in salted boiling water for about 3 minutes. Drain the beans and place them in cold water then gently pat them dry.

3 Cut the octopus into 1 cm cubes.

4 Add the pasta to the cooking water used for the beans and cook for about 10~11 minutes until al dente.

5 Heat 1/2 of the extra virgin olive oil with minced garlic in a pan until golden.

6 Saute the octopus and beans in the pan.

7 Add the tomatoes and season with salt and black pepper then add some of the pasta cooking water simmer for about 5 minutes over low heat.

8 Drain the pasta and add it to the sauce. Toss to mix well with a drizzle of extra virgin olive oil over high heat.

9 Garnish with octopus legs and serve at once.

Lumache with Duck Breast and Asparagus

Lumache alla fricassea d' anatra e asparagi

In Italian, lumache means "snail,"and the classic form of this pasta does look like a snail shell. Because the pasta is hollow, it has a lot of surface area to hold lighter, more delicate sauces inside. This is a typical pasta dish in northern Piemonte, Italy. In order to get rid of the duck smell, cover the duck breast with dry white wine and marinate for 24 hours in the refrigerator.

Serves 1
INGREDIENTS

90g lumache
150g duck breasts
150g asparagus
1 shallot
50ml extra virgin olive oil
50ml brandy
10g roux
salt
black pepper to taste

METHOD

1 Remove most of the fat leaving only a 2mm thick layer of skin on the duck breast then slice the breast.

2 Rinse the asparagus and keep it tied in 1 bundle. Cook in boiling water for about 3 minutes. Use this water to boil the pasta as well. Drain the asparagus, cool under ice water, then drain again.

3 Cut the tough ends off of asparagus then slice the spears into 2 cm pieces.

4 Finely mince the shallot.

5 Cook the pasta in salted boiling water for 10~11 minutes until al dente.

6 Heat 1/2 of the extra virgin olive oil and saute the shallot until lightly golden.

7 Add the sliced duck breasts and brown them for a minute.

8 Pour the brandy over duck breasts and flambe let the liquor burn out on its own. Add asparagus and season with salt.

9 Add 1 tablespoon of pasta cooking water to the pan and lower the heat, then simmer for about 5 minutes.

10 Add the roux to thicken the sauce until creamy.

11 Drain the pasta and add it to the sauce. Turn the heat to high and toss well with the rest of extra virgin olive oil.

12 Sprinkled with the ground black pepper to taste and serve immediately.

Strozzapreti with Tarantina Mussel

Strozzapreti con le cozze alla tarantina

This pasta dish originated from Taranto, Puglia in the southern part of Italy. The region is known for having the highest quality mussels.Freshly ground black pepper brings more flavor to this pasta.

Burrata originated from Puglia and it is a fresh Italian cheese, made from mozzarella and cream. The name " burrata" means "buttered" in Italian. The outer shell is solid mozzarella while the inside contains both mozzarella and cream, giving it a unique soft texture. It is served fresh and wrapped in leaves. The soft texture reminds me of soft Korean tofu.

Serves 1
INGREDIENTS

90g strozzapreti
18 fresh mussels
100g plum tomatoes
1 clove of garlic
10g fresh basil
5g fresh parsley
50ml extra virgin olive oil
50ml dry white wine
salt and black pepper

METHOD

1 Rinse the mussels under cold running water and remove the beard.
2 Cut the tomatoes into quarters. Finely mince the garlic and parsley.
3 Julienne the fresh basil.
4 Cook the pasta in salted boiling water for 10~11 minutes until al dente.
5 Heat 1/2 of the extra virgin olive oil with the minced garlic and parsley in a pan until golden.
6 Add the tomatoes then cook for about a minute over high heat. Season with the salt.
7 Add the mussels to the pan and mix well with the tomatoes. Add the white wine.
8 Covered and cook until the mussels open up.
9 Uncovered and cook for an additional 5 minutes.
10 Drain the pasta and toss with the sauce and rest of the extra virgin olive oil. Add fresh basil and freshly ground black pepper.
11 Toss to combine over high heat and serve at once.

Fettuccine Incasciate

Fettuccine incasciate

"Incasciata" literally means "in a box", but in a recipe, it means "bound up with the eggplant". Eggplant plays a starring role in this recipe. This is a typical Sicilian pasta dish that tastes mild and absolutely delicious. Last summer I tasted this pasta dish with my wife in Patti, Sicily. We stayed at Agriturismo for a night and we had a feast. Agriturismo is a combination of the words for "agriculture" and "tourism" in Italian. An Italian agriturismo usually serve foods to guests prepared from fresh ingredients produced on the farm or at least locally.It was truly an unforgettable night!

Serves 1
INGREDIENTS

90g fettuccine
150g eggplant
30g flour
150ml extra virgin olive oil
150g plum tomatoes
1 clove of garlic
60g ricotta cheese
10g fresh basil
salt
black pepper to taste

METHOD

1 Cut the tomatoes into quarters. Finely mince the garlic.

2 Julienne the basil and keep a leaf for garnish.

3 Rinse the eggplant and drain then slice them lengthwise into 0.5 cm strips.

4 Heat 100ml of the extra virgin olive oil in a pan over low heat. Place eggplants in flour to coat both sides and fry them until golden brown.

5 Drain the oil with a paper towel and keep the eggplant warm.

6 Cook the pasta in salted boiling water for about 8 minutes until al dente.

7 Saute the minced garlic with 25ml of the extra virgin olive oil in a pan until golden.

8 Add the tomatoes and season with salt and black pepper to taste. Cook for about 4 minutes and add a few tablespoons pasta cooking water if sauce is too thick.

9 Drain the pasta and add it to the sauce with the rest of extra virgin olive oil, basil, grated cheese, toss to combine.

10 Spread each slice of eggplant. Season with salt a little bit.

11 Spread a layer of pasta onto eggplant and roll up tightly.

12 Preheat the oven to 200 degrees and bake for about 3 minutes until lightly brown.

13 Sprinkled with the remaining cheese and garnish with the fresh basil.

Bucatini with Sardin

Bucatini con le sarde

This is a classic Sicilian dish with intense flavors so it is important to use fresh dill for this pasta dish. This is a must-have pasta if you travel to Sicily. This pasta will make you smile because its not only delicious, but it is also full of different flavors. For this dish, you need Sultana raisins, a type of seedless grape of Arabic origin. They have a delicate and unique flavor and are especially noted for their sweetness and golden color.

Serves 1
INGREDIENTS

90g bucatini
240g 2 sardines
90g plum tomatoes
10g raisins
10g pine nuts
5g fresh parsley
10g dill
1 clove of garlic
1 anchovy fillet
50ml extra virgin olive oil
30g bread crumbs
5g brown sugar
salt and black pepper

METHOD

1 Soak the raisins in warm water for about 15 minutes.

2 Remove the heads of the sardines and rinse under running water then remove the bones and entrails by hand.

3 Cut it in half and slice them into 2cm pieces.

4 Heat the brown sugar in the pan until lightly caramelized, then add the bread crumbs and stir them until they become a deep, golden color.

5 Finely mince the garlic and chop the parsley. Cut the tomatoes into quarters.

6 Chop the dill and leave some for garnish.

7 Cook the pasta in salted boiling water for about 12minutes until al dente.

8 Heat 1/2 of the extra virgin olive oil, minced garlic, parsley, and chopped anchovy fillets and saute over low heat.

9 Add the pine nuts and raisins to the pan then cook for a few seconds.

10 Add the sardines and saute for a minute then add the tomato to the pan. Saute over medium heat for about 5 minutes.

11 Season with salt and black pepper to taste then add the dill.

12 Drain the pasta and add it to the pan. Toss together with the rest of olive oil and 1/2 of the bread crumbs over high heat for a few seconds.

13 For garnish, sprinkle the rest of bread crumbs and dill leaves over the top then serve.

Mushroom Sedanini
Sedanini alla boscaiola

Boscaiola means "forest"in Italian, Sedanini pasta is suitable for vegetables and mushrooms. Dried porcini mushrooms play an important role in this recipe because they are blessed with a terrific mushroomy aroma that makes you feel like you are in the forest. The meat-like texture with its earthy flavor is unequaled among mushrooms and lends itself to many other dishes. Fresh porcini are preffered grilled and served with fresh extra virgin olive oil.

Serves 1
INGREDIENTS

90g sedanini
100g fresh mushrooms
10g dried porcini mushrooms
1 clove of garlic
10g fresh parsley
2 sprigs of fresh thyme
100ml cream
20g butter
salt and black pepper

METHOD

1 About 30 minutes before cooking, soak the dried porcini mushrooms in 50ml of warm water. (45 degrees)
2 Drain and chop dried porcini, then strain the liquid.
3 Slice the fresh mushrooms then finely mince the garlic and parsley.
4 Mince the thyme but save a sprig for garnish.
5 Cook the pasta in salted boiling water for about 12 minutes until al dente.
6 Saute the garlic, parsley, and thyme with butter, in a pan until lightly golden.
7 Add the chopped porcini and sliced fresh mushrooms to the pan then saute for about 3 minutes. Stir occasionally.
8 Add the porcini mushroom liquid and cream to the pan then season with salt and black pepper to taste.
8 Simmer for about 5 minutes over low heat until the sauce reduces by half.
9 Drain the pasta and add it to the sauce. Toss to combine over high heat.
10 Garnish with parsley and dried mushroom.

For a nice garnish

1 Finely slice some mushrooms.
2 Place them flat on a baking sheet lined with baking paper. Place a sheet of baking paper over the top of the mushroom.
3 Place something heavy.
4 Toast them in the oven for about 2 hours at 90 degrees or store them in a dry place at 40 degrees for about 12 hours.

Calabrian Style Pappardelle
Pappardelle alla calabrese

Calabrian people enjoy very spicy dishes. They cook the pasta with very hot nduja salami. This salami is made with a tremendous amount of red chilli pepper, which gives it a threateningly reddish and a very refreshing burst of heat in your mouth. If you have a chance to travel to southern Calabria, you have got to try this fiery spreadable nduja salami. This is a Calabrian recipe and has a strong, spicy but very tasty flavor that Koreans love.

Serves 1
INGREDIENTS

90g pappardelle
90g spicy salami
120g plum tomatoes
80g a red onion
10g fresh marjoram
50ml extra virgin olive oil
mild pecorino cheese
red chilli pepper flakes to taste

METHOD

1 Slice the salami lengthwise into 0.5 cm and cut it crosswise into 0.5 cm cubes.
2 Julienne the red onion.
3 Cut the tomatoes into quarters.
4 Cook the pasta in salted boiling water for 8~9 minutes until al dente.
5 Saute the red onion with 1/2 of the extra virgin olive oil in a pan and cook over low heat.
6 Add the pecorino cheese to taste.
7 Add the salami to the pan and cook for about 2 more minutes.
8 Add the tomatoes and cook over low heat for 5~6 minutes. Add the pasta cooking water if sauce is too thick or dry.
9 Drain the pasta and add it to the sauce then toss well with the rest of extra virgin olive oil over high heat.
10 Place the pasta in the dish and garnish with the sprig of marjoram and sprinkle with marjoram leaves over top.

Orecchiette with Broccoli Rabe

Orecchiette alle cime di rapa

A traditional and very tasty Puglian way of dealing with broccoli rabe. Cime di rapa, also known as broccoli rabe in Italy is one of the nicer things about winter in Puglia, Southern Italy, where the markets are flooded with them. It works very well in pasta sauces. Orecchiette is a distinctive Puglian type of pasta shaped like small ears. It is often paired with greens or vegetables such as broccoli, and turnip greens. It is not possible to get Broccoli rabe in Korea, so I substitute turnip greens.

Serves 1
INGREDIENTS

90g orecchiette
90g turnip greens
1 clove of garlic
1 anchovy fillet
1 fresh
red chilli pepper
5g fresh parsley
50ml extra virgin
olive oil

METHOD

1 Pick over and clean the turnip greens and rinse it under cold running water then cut them into 10 cm pieces.

2 Finely slice the garlic

3 Red chilli pepper after removing the seeds.

4 Mince the parsley finely.

5 Cook the turnip greens in salted boiling water for 6~7 minutes then drain the water.

6 Cook the pasta in same water that was used for the turnip greens, for about 12 minutes until al dente.

7 Heat 1/2 of the extra virgin olive oil with the garlic, parsley, red chilli pepper, and crushed anchovy in a pan over high heat for a few seconds.

8 Add the turnip greens to the pan and cook for about 2 minutes over low heat . Add the pasta cooking water as needed.

9 Drain the pasta and add it to the pan then toss well with the rest of olive oil over high heat.

Nastri with Swordfish, Mint, and Raisins

Nastri al pesce spada, mentuccia e uvetta

This is my favorite way to have swordfish in a Sicilian style. One of the most important aspects of Sicilian pasta is the quality of the ingredients. The result is that ingredients are fresh, wonderfully fragrant, and tasty. To get the best out of this recipe you should buy fresh swordfish and fresh and fragrant mint leaves if possible.

Serves 1
INGREDIENTS

90g nastri
120g swordfish fillet
50g almond, peeled
10g raisins
10g fresh mint
1 clove of garlic
50ml dry white wine
50ml extra virgin
olive oil
30g bread crumb
5g brown sugar
salt and black pepper

METHOD

1 Soak the raisins in warm water for about 15 minutes. Finely mince the garlic.

2 Toast the peeled almonds for about 5 minutes in an oven at 200 degrees. Put the almonds in a food processor reserving 10 whole almonds for garnish.

3 Heat the brown sugar in the pan until lightly golden.

4 Add the bread crumbs and the chopped almond then stir until deeply golden over high heat. Stir well but be careful not to burn.

5 Cut the swordfish into 1.5 cm cubes.

6 Chop the mint and leave a few leaves whole for garnish.

7 Cook the pasta in salted boiling water for 10~11 minutes until al dente.

8 Saute the minced garlic with 1/2 of the extra virgin olive oil in a pan over high heat.

9 Drain the water from the raisins and place it in the pan with 1/2 of almond and bread crumbs.

10 Add the swordfish and cook for a few seconds over high heat the pour the white wine over it.

11 Wait until the wine evaporates, add the chopped mint and remove from the heat.

12 Drain the pasta and add it to the pan, then add almond bread crumbs. Save some of them for garnish.

13 Toss to combine with the rest of extra virgin olive oil.

14 Garnish with the whole almonds, fresh mint, and the remaining almond bread crumb.

Stracci with Porcini Mushrooms and Walnut Pesto Sauce

Stracci di funghi porcini al pesto di noci

This recipe is for autumn because the walnuts and porcini mushrooms are very seasonal. This pasta gives you a healthy, hearty and delicious boost of energy! This walnut pesto sauce goes well with chestnut gnocchi. It is an excellent alternative. In making gnocchi you need steamed potatoes, chestnut flour, wheat flour and egg yolk.

Serves 1
INGREDIENTS

90g porcini flavored stracci
80g walnuts
1/2 clove of garlic
30g Parmesan cheese, grated
10g soften butter
50ml extra virgin olive oil
salt and black pepper

METHOD

1 Toast the walnuts for 6 minutes in an oven at 180 degrees. Flip the walnuts every 2 minutes. Remove them from the oven after evenly toasted.

2 Cut the garlic in half and remove the core.

3 Cook the pasta in salted boiling water for about 10 minutes until al dente.

4 Put the toasted walnut, garlic, grated parmesan cheese, and extra virgin olive oil Into a food processor. Process all ingredients until mixture becomes a smooth paste.

5 Add the pesto to the pan and season with salt and black pepper to taste. Keep away from heat.

6 Drain the pasta and add it to the sauce, then add some of the pasta boiling water if the sauce is too dry. Toss to combine.

Fusilli with Salmon
Fusilli al salmone

This creamy salmon recipe is melt-in-your-mouth delicious without seeming too oily. You can also substitute smoked salmon instead. In general, seafood doesn't go well with cream sauce. But salmon goes well with cream base sauce. The subtle and creamy flavors make this dish a unique experience.

Serves 1
INGREDIENTS

90g fusilli
150g boneless salmon fillet
1 shallot
20g butter
100ml fresh cream
50ml vodka
10g fresh parsley
salt and black pepper

METHOD

1 Cut the salmon into 1 cm cubes.
2 Finely chop the shallot and parsley.
3 Cook the pasta in salted boiling water for about 10 minutes until al dente.
4 Heat the butter with shallot and half of the parsley, then saute over medium heat until lightly golden.
5 Add the salmon to the pan and saute over high heat until it is lightly browned. Season with salt and black pepper.
6 Flambe with vodka until the flame dies down, then add the fresh cream.
7 Simmer the sauce over medium heat for 4~5 minutes.
8 Drain the pasta and add it to the sauce with the chopped parsley. Leave some of the parsley for garnish. Toss well.
9 Sprinkle with parsley and serve immediately.

Penne with Curry and Pancetta

Penne al curry e pancetta

This is a recipe with very interesting flavors. It's a must try recipe if you want an exotic tasting pasta. Italians love to eat, and enjoy cooking with curry.

For the original recipe, you need guanciale,a kind of unsmoked Italian bacon with pig's jowl or cheeks. Its texture is more delicate than pancetta, a cured Italian bacon which is normally smoked pig's belly. Pancetta can be used as a substitute when guanciale is not available in Korea.

Serves 1
INGREDIENTS

90g penne
100g pancetta
10g curry powder
10g fresh parsley
100ml dry white wine
1 shallot
10g roux
50ml extra virgin olive oil
salt and black pepper

METHOD

1 Julienne the shallot.

2 Mince the parsley finely.

3 Slice the pancetta in 0.5 cm.

4 Add the curry powder to the white wine in a bowl and stir well.

5 Cook the pasta in a large pot of salted boiling water for 9~10 minutes.

6 Heat 1/2 of the extra virgin olive oil in a pan and saute the shallot over high heat.

7 Add the pancetta and cook for about 2 minutes until golden brown.

8 Add the curry and wine mixture to the pan and stir over medium heat for 3 minutes until you can smell the aroma.

9 Season with salt and black pepper and add the roux to thicken the sauce. Add 2 tablespoons of pasta cooking water if the sauce is too thick.

10 Drain the pasta and toss to combine with fresh chopped parsley and the rest of extra virgin olive oil.

Tagliatelle with Fresh Tomato, Rucola, and Prosciutto

Tagliatelle al crudo di pomodoro, rucola e prosciutto di Parma

This recipe is a pasta with an uncooked and very fresh sauce that is so tasty and refreshing. Prosciutto plays a prime role in this dish that you need the prosciutto from Parma in Emilia Romagna. The best way to fully enjoy the refined taste of prosciutto is in cutting it in very thin slices and eating it fresh, alone or with bread and melon.

Serves 1
INGREDIENTS

90g tagliatelle
1 large ripe tomato
40g fresh rucola
120g uncooked parmesan prosciutto
1 clove of garlic
50ml extra virgin olive oil
Salt and black pepper

METHOD

1 Prepare the tomato in concass.
2 Finely mince the garlic. Slice the prosciutto about 2mm thick.
3 Cut the rucola into thin strips. Save 2 leaves for garnish.
4 Cook the pasta in salted boiling water for 8~9 minutes until al dente.
5 Put the tomato, garlic, and extra virgin olive oil in a pan and season with salt and black pepper.
6 Mix all the ingredients well and put the pan over the pot of pasta boiling water until the tomato gets warm.
7 Drain the pasta and add it to the pan with rucola and prosciutto. Toss well.
8 Garnish with the rucola leaves.

Gragnano Paccheri with Lemon
Paccheri di Gragnano al limone

When I was in Sicily last summer, I came across these fantastic Sicilian lemons. Their skin is really fragrant and they are also very juicy. Sicily is the land where lemon trees bloom and the bright and yellow fruit pops out.It fascinated my wife to the point where she couldn't stop looking at them. There's no doubt that Sicily is full of culinary delights.

This is a very interesting pasta dish, easy to prepare, very inexpensive, and something different from the same old pasta. Here's an ideal meal with the refreshing flavors of lemon. Use organic lemon to make this recipe.

Serves 1
INGREDIENTS

90g gragnano paccheri
1 lemon
100ml fresh cream
40g butter
50ml vodka
20g parmesan cheese, grated
fresh sage leaves
Salt

METHOD

1 Wash the lemon and grate the colored rind or zest very finely.

2 Squeeze 1/2 of the lemon to get the juice.

3 Cook the pasta in salted boiling water for about 15 minutes until al dente.

4 Melt the butter over low heat in a pan and add 2/3 of grated lemon zest.

5 Add the cream and boil over low heat.

6 Add the lemon juice and stir well. Add the vodka and season with salt, then simmer over low heat for about 5 minutes.

7 Drain the pasta and add it to the sauce with 1/2 of the grated parmesan cheese. Toss to combine over high heat for a few seconds.

8 Transfer to a serving dish and garnish with lemon peel, parmesan, and sage.

Tagliolini with Crisp Squid and Fresh Tomato
Tagliolini neri al calamaro croccante e pomodoro fresco

This is a typical Central Coast Italian pasta dish. It is important to have two pans, one for the sauce, and one for the squid. Make sure to prepare crispy bread crumbs so you can smell the aroma of the garlic and herbs. At first glance, this dish may look deep fried, but it is not. The crispy bread crumbs tossed in olive oil and herbs give it that look.

Serves 1
INGREDIENTS

90g squid-ink tagliolini
200g fresh squid
90g ripe plum tomatoes
10g fresh basil
30g bread crumbs
1 clove of garlic
5g fresh parsley
1 stalk of marjoram, thyme, rosemary, and sage
100ml extra virgin olive oil
salt

METHOD

1 Finely chop the marjoram, thyme, rosemary, and sage.

2 Cut the tomatoes into quarters. Finely chop the parsley and mince the garlic.

3 Julienne the basil then save a few nice leaves for garnish.

4 Prepare the stale bread, then put it in a food processor. Start mixing well until you get the size crumb you like. Add the chopped herbs with 50ml of the extra virgin olive oil to the processor, then season with salt. Mix well.

5 Rinse the squid under cold running water then cut tentacles into quarters and cut the pouch into 1 cm rings.

6 Heat 25ml of the extra virgin olive oil with garlic and parsley until slightly golden.

7 Add the tomatoes, then cook over high heat for about 2 minutes. Season with salt to taste.

8 Cook the pasta in salted boiling water for about 7 minutes until al dente.

9 In a separate nonstick pan, heat the extra virgin olive oil until it starts to smoke then add the squid. if you do not use a nonstick pan, the bread crumbs will stick to the bottom. Cook over high heat for about 2 minutes.

10 Add the bread crumbs. Stir and toss the squid into the bread crumbs until the squid is well coated. Then leave it until it becomes crisp and golden. Remove from the heat.

11 Drain the pasta and add it to the pan with the tomato, squid, fresh basil, and the rest of the extra virgin olive oil. Toss over hight heat for a few seconds.

12 Garnish with basil leaves.

Tagliatelle with Ricotta Cheese
Tagliatelle di zafferano alla ricotta

This recipe is simply delicious and if you like ricotta cheese, you will love this pasta dish. Ricotta and safron flavored tagliatelle are well balanced in this recipe.

It is relatively easy to make homemade fresh ricotta. Slowly heat 1L of whole milk. 100g of plain yogurt, gently stirring occasionally. Once the milk reaches 40 degrees, add the juice of a half lemon, then simmer to 65 degrees until the texture curdles. Don't let it go over 84 degrees. pour the mixture into a layer of cheese cloth supported in a colander. This homemade ricotta is more delicate in flavor than any store-brought version and has a lovely dry curd.

Serves 1
INGREDIENTS

90g safron flavored tagliatelle
130g ricotta cheese
1 shallot
10g marjoram
1 tablespoon extra virgin olive oil
salt and black pepper

METHOD

1 Finely mince the shallot then place it on a paper towel and press it in order to drain the water.

2 Strip the marjoram leaves off the twigs.

3 Cook the pasta in salted boiling water for 8~9 minutes until al dente.

4 Put in a bowl the shallot, ricotta cheese, extra virgin olive oil, and the marjoram leaves. Season with salt and black pepper then mix well.

5 Put the mixture into a pan then add some pasta cooking water over low heat. Keep the temperature at 60 degrees while the ricotta melts.

6 Drain the pasta and add it to the pan, then toss to combine.

7 Garnish with the rest of the marjoram leaves and sprinkle with freshly ground black pepper.

Tagliolini with Lamb Sauce

Tagliolini di tartufo al ragu di agnello

This is a lamb lover's pasta dish! Lamb matches so well with thyme. If you are not fond of lamb, you can substitute lean beef, but not sirloin.

Serves 1
INGREDIENTS

90g porcini mushroom flavored tagliolini
120g lamb sirloin
1 shallot
10g fresh thyme
50ml dry white wine
50ml extra virgin olive oil
20g butter
5g roux
salt and black pepper

METHOD

1 Cut the lamb into 1cm cubes.

2 Finely chop the shallot.

3 Chop the thyme leaves and save a sprig for garnish.

4 Heat the extra virgin olive oil in a pan.

5 Add the lamb cubes and saute over high heat for about 2 minutes until lightly brown.

6 Remove from the heat and drain the fat and oil.

7 Cook the pasta in salted boiling water for about 7 minutes until al dente.

8 In a separate pan, melt the butter and add the shallot. Saute the shallot over high heat until lightly golden.

9 Add the lamb to the pan then cook for a few minutes, then add half of the thyme.

10 Pour the wine into the pan over high heat and simmer over medium heat for about 4 minutes until reduced by half.

11 Season with salt and black pepper.

12 Add the roux and stir constantly until it reaches a light creamy color. Add some pasta cooking water if sauce is too thick or dry.

13 Drain the pasta and add it to the pan, then toss over high heat for a few seconds.

14 Sprinkle with the rest of thyme and garnish with a thyme sprig.

Tagliatelle with Abalone and Zucchini
Tagliatelle di aceto balsamico all' abalone e zucchine

One of my most creative dishes I combine abalone with balsamic flavored tagliatelle pasta. This is a special pasta in which you can vividly taste the balsamic vinegar with the abalone that Asians love. Use the light green colored zucchini for a soft and mild flavor.

The flavor of abalone is something to be savored and should not be overpowered with other ingredients. I was surprised to see Koreans eating abalone with all the internal organs. For this dish, it is important to remove the internals of the abalone without rupturing them. Also bear in mind, overcooked abalone will quickly toughen.

Serves 1
INGREDIENTS

90g balsamic flavored tagliatelle
1 fresh abalone
150g zucchini
5g marjoram
5g fresh parsley
1 ripe tomato
1 clove of garlic
100ml extra virgin oilive oil
salt and black pepper

METHOD

1 Cut the zucchini into 6cm long sections. Then cut the green skin off all 4 sides of each section (5mm deep). Discard the square middle section. Julienne the 6cm green pieces into 2mm x 6cm strips, 5mm thick and julienne the green peel into 2mm.

2 Wash the abalone muscle with running water. Remove the meat from the shell with a small knife, then trim. Rinse again with running water. Slice the flesh into 1mm thick slices.

3 Finely mince the garlic and chop the parsley.

4 Prepare the marjoram leaves, remove from the stalk then chop, keep a few leaves for garnish.

5 Prepare the tomato in concass.

6 Cook the pasta in salted boiling water for 8~9 minutes until al dente.

7 Saute the garlic and parsley with 1/2 of the extra virgin olive oil in a pan over medium heat until golden.

8 Add the abalone and zucchini, then season with salt and black pepper to taste.

9 Saute over high heat for about 2 minutes.

10 Add the tomato to the pan, then remove the pan from heat.

11 Drain the pasta and add it to the sauce, then add the rest of the olive oil and chopped marjoram leaves. Toss to combine over high heat for a few seconds.

12 Garnish with marjoram leaves.

Fettuncine with Olive and Caper

Fettuccine alle olive e capperi

This is a pasta with rich, healthy, and satisfying Mediterranean ingredients. The salted and pickled capers are often used as a seasoning and garnish. Capers are a common and distinctive ingredients in Sicilian and southern Italian cooking as well as Mediterranean cuisine. Capers are used in salads, meat dishes and pasta dishes.

Serves 1
INGREDIENTS

90g fettuccine
1 clove of garlic
60g black olives
60g green olives
50g caper
50ml extra virgin olive oil
50ml dry white wine
10g fresh parsley
10g roux
black pepper

METHOD

1 Deseed olives. Try not to break the shape.

2 Rinse the capers and drain.

3 Finely chop the parsley and mince the garlic.

4 Cook the pasta in salted boiling water for about 9 minutes until al dente.

5 Heat 1/2 of the extra virgin olive oil with the garlic and parsley then saute until golden.

6 Add the olives and capers and cook for a while.

7 Pour the wine over high heat and simmer until reduced by half.

8 Set the low heat then add a tablespoon of pasta cooking water and the roux then stir well.

9 Drain the pasta and add it to the sauce. Add the chopped parsley and the rest of olive oil then toss over high heat.

10 Place the pasta in the dish and sprinkle chopped parsley.

Pennoni with Tuna

Pennoni tonnati

Generally, this dish is made with canned tuna. Tuna packed in oil is just as good as fresh tuna. Tuna is an excellent source of protein, vitamins and minerals. Omega-3 fatty acids found in abundance in tuna are essential in the growth and development of young children. This "brain food" pasta is for youth and people of all ages.

Serves 1
INGREDIENTS

120g canned tuna in extra virgin olive oil
30g capers
1 anchovy fillet
10g fresh parsley
1/2 clove of garlic
50ml extra virgin olive oil
50ml white wine
freshly ground black pepper

METHOD

1 Lightly drain the tuna and keep 20g of tuna for garnish.

2 Remove the stalks from the capers, keeping 5 of them with stalks for garnish.

3 Mince the garlic and finely chop the parsley.

4 Cook the pasta in salted boiling water for about 12 minutes until al dente.

5 Heat 1/2 of the extra virgin olive oil with the chopped anchovy, minced garlic, and of the chopped parsley in a pan. Saute over medium heat for a few seconds until golden.

6 Add the chopped capers, then the wine. Simmer and stir well for about 2 minutes to reduce the liquid.

7 Add the tuna into the pan.

8 Blend it until creamy and pour it into the pan.

9 Drain the pasta and add it to the pan containing the tuna sauce. Toss with the rest of the extra virgin olive oil over hight heat for a few seconds.

10 Place the flaked tuna, capers with stalk, and parsley on the pasta. Sprinkle with freshly ground black pepper and serve.

Penne with Velvety Clam Sauce
Penne alla vellutata di vongole

This recipe is one of my more creative dishes that is surprisingly delicate and soft. It is important to cook it with delicacy and softness. If you want to cook a special pasta with clams, I recommend this recipe to you.

Veloute in French and vellutata in Italian, the ingredients of a veloute are butter and flour to form the roux. It is used as the base for other sauces.

Serves 1
INGREDIENTS

90g penne
18 clams
2 cloves of garlic
10g fresh parsley
50ml white wine
10g roux
50ml extra virgin olive oil
freshly ground black pepper

METHOD

1 Rinse the clams under cold running water and soak them in fresh cold water for at least 2 hours as the clams breathe they filter water.

2 Finely chop the parsley, keeping 2 sprigs whole.

3 Finely mince one clove of garlic and crush the other one.

4 Heat a pan and add some drops of extra virgin olive oil, the crushed garlic, and the whole parsley sprigs then saute over high heat for a few seconds until golden. Add the clams and continue to saute to develop more flavors.

5 Pour with white wine then cover the pan and continue to cook over high heat for about 2 minutes until the clams have opened.

6 Remove the flesh from the clams, leaving 5 of the clams whole.

7 Remove the clams from heat and drain them. Filter the clam juice through a clean linen cloth and reserve the filtered clam juice.

8 Cook the pasta in salted boiling water for 9~10 minutes until al dente.

9 Heat the pan with 1/2 of the extra virgin olive oil, minced garlic, and chopped parsley and saute over low heat.

10 Add all the clams to the pan. Add the clam juice and continue to cook for about 3 minutes.

11 Add the roux and stir until the sauce thickens and becomes creamy.

12 Drain the pasta and add it to the sauce, then season with salt and black pepper to taste. Add the rest of the extra virgin olive oil and toss until the sauce and clams are well blended.

13 Serve with the whole clams on top.

Spelt Spaghetti with Red Onion

Spaghetti di farro alle cipolle rosse

This is an unusual pasta dish that has well balanced flavors because of the sweetness of the red onion and the bitterness of the wine.

Spelt is a cereal highly rich in fiber, which is the reason for the darker color of spelt pasta. Historically spelt was very important and was widely used at the time of the Romans to make doughs and soups. It was later substituted by modern wheat and was used as a food for the poor and thus forgotten. Only in the last few years, with the advent of macrobiotic and biologic cuisine, has it had a revival in the Italian household for its highly biologic content and its advantages to health and diet.

Serves 1
INGREDIENTS

90g spelt spaghetti about 100g
1 red onion,
100ml red wine, like Chianti
20g Parmesan cheese, grated
10g roux
50ml extra virgin olive oil
salt and black pepper

METHOD

1 Julienne the red onion.

2 Boil the red wine in a small pot.

3 Cook the pasta in salted boiling water for 10~11 minutes until al dente.

4 In a pan, saute the red onion with extra virgin olive oil over high heat for a minute, then continue to cook over low heat for about 4 minutes.

5 Add the boiled wine to the pan and simmer until it reduced by half.

6 Add the roux then stir to thicken the sauce until creamy. Add a few tablespoons of the pasta cooking water, if the sauce is too dry.

7 Season with salt and black pepper to taste.

8 Drain the pasta and add it to the sauce, then add Parmesan cheese. Leave some parmesan cheese for garnish. Toss well over hight heat for a few seconds.

9 Place the pasta in the dish and sprinkled with the grated parmesan cheese and freshly ground black pepper to taste.

Sedanini with Pecorino Cheese and Rucola

Sedanini al pecorino e rucola

This is a typical and healthy recipe from the Roman region of Lazio and uses fresh vegetables and pecorino cheese to balance the dish. Lazio is known for white wines, which are based almost exclusively on various types of Malvasia and Trebbiano. They are pleasantly fleshy and fruity. These wines go enticingly well with a great range of foods, of course, including pasta!

Serves 1

INGREDIENTS

90g sedanini
120g plum tomatoes
40g onion
40g rucola
50g pecorino cheese, grated
50ml extra virgin olive oil
salt and black pepper

METHOD

1 Cut the tomatoes into quarters. Finely chop the onion.

2 Julienne the rucola.

3 Cook the pasta in salted boiling water for about 12 minutes until al dente.

4 Saute the onion with 1/2 of the extra virgin olive oil in a pan over high heat until golden.

5 Add the tomato and season with salt. Cover and cook over low heat for about 5 minutes.

6 Drain the pasta and add it to the pan, then back to heat. Add 3/4 of the rucola with the rest of the extra virgin olive oil to the pan then saute.

7 Remove from the heat again then add 1/2 of the pecorino cheese. Stir and toss to combine over high heat.

8 Sprinkle with the rest of rucola and the rest of pecorino cheese.

Messina's Angel Hair Pasta
Capelli d' angelo alla messinese

This recipe is from Messina, Sicily, in the southern part of Italy. This is a healthy and tasty pasta dish that uses fresh swordfish and fresh dill.

Angel hair pasta is a long, thin noodle with a round shape and it is also known as capelli d'angelo. It is much finer than spaghetti and spaghettini and is excellent with light, delicate sauces as well as seasonal fresh vegetables.

Serves 1
INGREDIENTS

90g angel hair pasta
120g swordfish,
sliced 1cm thick
150g ripe plum
tomatoes
1 clove of garlic
50ml extra virgin
olive oil
10g fresh dill
salt and black pepper

METHOD

1 Peel the skin of the swordfish and cut into 3 pieces lengthwise then cut it into cubes.

2 Cut the tomatoes into quarters. Finely mince the garlic.

3 Remove the dill leaves from the stalk and keep them in a cool place.

4 Heat 1/2 of the extra virgin olive oil with garlic and saute it until golden.

5 Add the swordfish then cook for about a minute

6 Add the tomatoes then cook over low heat for about 3 minutes.

7 Season with salt and black pepper to taste.

8 Cook the pasta in salted boiling water for about 5 minutes until al dente.

9 Add some of the boiling pasta water if necessary.

10 Drain the pasta and add it to the pan then add the remaining extra virgin olive oil and 1/2 of the dill and toss over high heat for a few seconds.

11 Sprinkle with the rest of dill and serve.

Bucatini with Pumpkin, Scallop, and Marjoram
Bucatini alla zucca, cappesante e maggiorana

Pumpkin, scallop, and marjoram are some of my favorite ingredients because they are well balanced in flavor. In Italy, people think pumpkin and marjoram go so well together just like pork and shrimp paste in Korea.

Serves 1
INGREDIENTS

90g bucatini
100g pumpkin
90g scallops, peeled
3 fresh small stalks of marjoram
1 shallot
1 clove of garlic
50ml brandy
50ml extra virgin olive oil

METHOD

1 Peel and deseed the pumpkin, then cut it into 2cm wedges, then slice each wedge into 0.5mm thick sheets. You should finish with sheets 2cm wide x 2cm high x 0.5cm thick.

2 Rinse the scallops under cold running water then drain the water and cut them into 1 cm cubes.

3 Finely mince the shallot and saute with 10ml of extra virgin olive oil in a pan then saute until golden.

4 Add the pumpkin then cook for about 5 minutes until soft.

5 Turn off the heat and add 2 marjoram stalks to the pan.

6 Cook the pasta in salted boiling water for about 12 minutes until al dente.

7 In another pan, saute the garlic with 20ml extra virgin olive oil then add the scallops and saute over high heat. Flambe with brandy, When the flambe dies out, remove from the heat.

8 Add the pumpkin and stir well to combine.

9 Drain the pasta and add it to the pan and toss with the rest of the olive oil over high heat .

10 Place the pasta on a plate and sprinkle with the rest of the marjoram leaves.

Spaghetti with Red and Yellow Bell Peppers

Spaghetti ai peperoni rossi e gialli

This is a popular dish especially for vegetarians. The flavor of this dish is so creamy even though there is no cream added. This recipe is a good way to enjoy a pasta dish with the fresh flavors of a bell pepper based sauce. Be sure to remove all of the white pith inside the bell peppers because it is not easy to digest for some people.

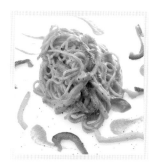

Serves 1
INGREDIENTS

90g spaghetti
60g onion
1 red bell pepper
1 yellow bell pepper
50ml extra virgin olive oil
10g fresh parsley
salt and black pepper

METHOD

1 Wash the bell peppers under running water and remove the stems, then remove the core and seeds. Julienne the onion and bell pepper.

2 Finely chop the parsley.

3 Heat the extra virgin olive oil with the onion and saute over low heat for about 3 minutes until the onion become translucent and golden.

4 Add the bell peppers and cook for about 2 minutes, then remove 1/2 of them from the pan. Season with salt and black pepper.

5 Cook the pasta in salted boiling water for about 9 minutes.

6 Add some of pasta cooking water to the pan and cook for 4~5 minutes until tender.

7 In order to get a nice creamy sauce, add more of the pasta cooking water to the pan, then transfer to a food processor and blend until the sauce is smooth and creamy.

8 Add the sauce and the remaining bell peppers to the pan. Keep a few of the bell pepper slices for garnish.

10 Cook the sauce for about a minute, drain the pasta, then add it to the pan. Toss over high heat for a few seconds.

11 Transfer to a plate and decorate with bell pepper strips and the chopped parsley.

Fusilli with the Crab and Asparagus

Fusilli al granchio e asparagi

In Italy, asparagus is seasonal in spring. This is a healthy recipe and the crab meat and asparagus go so well together. Tomato is seasonal in summer, porcini is seasonal in autumn, and artichoke is seasonal in winter. Seasonal ingredients are very important to Italian cuisine.

Serves 1
INGREDIENTS

90g fusilli
140g fresh crab meat
100g asparagus
1 clove of garlic
50ml brandy
50ml extra virgin
olive oil
10g fresh parsley
salt and black pepper

METHOD

1 Rinse the asparagus and keep it tied in a bundle.

2 Rinse the crab meat over a steel or plastic filter, then place it on a paper towel to absorb the water.

3 Finely mince the garlic and chop the parsley.

4 Cook the asparagus for about 3 minutes in salted boiling water. Use this water to boil the pasta as well. Then drain, cool under ice water, then drain again.

5 Leave 1cm tips of the asparagus and slice the rest of the spears into small cubes.

6 Cook the pasta in salted boiling water for about 9 minutes.

7 Heat 1/2 of the extra virgin olive oil with the garlic and saute until golden.

8 Add the crab meat and saute for a minute. Flambe with brandy.

9 Add the asparagus then season with salt and black pepper to taste. Add a little of the pasta cooking water and cook over low heat for about 2 minutes.

10 Drain the pasta and add it to the sauce, then add the rest of the olive oil and the parsley to the pan and toss well over high heat.

11 Sprinkle with parsley and serve immediately.

Napolitan Cold Salad with Conchiglie
Insalata fredda di conchiglie alla napoletana

This is a typical Napolitan pasta and a very healthy recipe. You need to prepare all the ingredients separately including the pasta. This dish is served cold. The important thing for this recipe is the mozzarella cheese. It is a specialty of Campania, in southern Italy, and also produced in Naples and Caserta. Mozzarella from these places is considered the best for flavor and quality. You will find the pictures of the fresh mozzarella cheese being made from unpasteurized water buffalo's milk on page. Buffalo mozzarella is still found south of Naples and Caserta where small factories continue old traditions making buffalo mozzarella fresh daily for their local customers, who line up at the factories to buy this delicacy.

Serves 1
INGREDIENTS

90g conchiglie
120g plum tomatoes
125g buffalo mozzarella cheese
10g fresh basil
1/2 clove of garlic
50ml extra virgin olive oil
salt and black pepper

METHOD

1 Cook the pasta in salted boiling water for 10~11 minutes.

2 Drain the pasta under cold running water, then drain the water and place it in a large bowl. Add 1/2 of the extra virgin olive oil to the bowl, stir well to prevent sticking.

3 Cut the tomatoes into quarters. Cut the mozzarella cheese into 1cm cubes.

4 Julienne the basil and keep a few leaves for garnish.

5 Finely mince the garlic.

6 Place the above ingredients into a large bowl with the remaining extra virgin olive oil.

7 Add the cold pasta and stir well.

8 Garnish with the basil leaves and serve.

Tagliatelle with Fresh Tuna, rucola and Tomato

Tagliatelle al tonno fresco, rucola e pomodorini

Fresh tuna is a wonderful treat and this is a very healthy recipe. All you need to be careful about is not overcooking any of the ingredients. Sometimes, I can my own tuna, to capture the freshness the old-fashioned way in canning jars. This captures a freshness and flavor that can not be found in commercial cans and is relatively easy to do.

Serves 1
INGREDIENTS

90g tagliatelle
150g 1cm thick fresh tuna
100g plum tomatoes
1 clove of garlic
30g rucola
50ml extra virgin olive oil
salt and black pepper

METHOD

1 Remove the skin of the tuna and then cut it into 1cm cubes.

2 Cut the tomatoes into quarters. Finely chop the garlic clove.

3 Wash the rucola leaves, dry them, and keep them whole removing just the stems.

4 Cook the pasta in salted boiling water for 8~9 minutes until al dente.

5 Put half of the extra virgin olive oil into a pan with the chopped garlic and cook over high heat until brown.

6 Add the tuna cubes and tomato to the garlic and saute them.

7 Season salt to taste and leave over high heat for 4 minutes.

8 Drain the pasta and add it to the tuna into the pan. Stir over high heat for few seconds adding the remaining oil and the rucola leaves. Keep some leaves for the garnish.

9 Serve and garnish with the fresh rucola leaves.

Scampi and Mushrooms Bucatini
Bucatini agli scampi e funghi

This pasta dish takes me back to Cinque Terre in Liguria along the northwest seaside of Italy. Cinque Terre is a marvelous tourist destination featuring five seaside villages at the foot of terraced hills that fall steeply toward the sea. Each little village has its own special character and all the villages are connected with amazing hiking paths. It was one of the highlights of my trip with my wife. We walked from village to village along the trails and rode a motorcycle along the coast to enjoy the spectacular view. The shrimp and mushrooms are so good together in this recipe.

Serves 1
INGREDIENTS

90g bucatini
80g peeled scampi
70g pulpy mushrooms
1 clove of garlic
10g fresh parsley
10g fresh rosemary
20g bread crumb
50ml extra virgin olive oil
50ml brandy
Salt

METHOD

1 Chop the garlic, parsley, and rosemary and keep them separate.

2 Prepare the aromatic bread crumbs adding half of the garlic, half of the parsley and all the rosemary to the bread crumbs and mix well.

3 Slice the mushroom.

4 Prepare two different pans. One for the sliced mushrooms cut into thin strips with half of the extra virgin olive oil, rest of the chopped garlic, and parsley. Cook at medium heat for 3 minutes. Add some salt.

5 Put the rest of the extra virgin olive oil into the other pan. When it is hot add the shrimp and brown over high heat for 1 minute. Then add some salt and the brandy and flambe.

6 When the brady evaporates add the aromatic bread crumbs and stir well until the bread crumbs stick to the shrimps and form a crust.

7 When the bucatini is "al dente"drain it and add it to the cooked mushrooms.

8 Add the shrimp and toss well over high heat for a few seconds before serving.

Nastri with Sicilian Pesto
Nastri al pesto siciliano

Sicilian pesto sauce is very healthy and different from ordinary pesto sauce because it uses tomatoes, almonds, and red chili pepper. This is a special and delicious pasta dish for its spicy and bold flavors. It is like the hot chilli Korean paste, Kochujang. There is something sultry about the flavor of the sauce that brings an entirely different dimension to the dish and it's a welcome change from predictable pesto. If you love pesto, you really have to try this.

Serves 1
INGREDIENTS

90g nastri
20g fresh basil
10g almond
fresh red chili pepper
1 ripe tomato
1 clove of garlic
5g fresh parsley
50ml extra virgin olive oil
grated cheese (ragusano, pecorino, or parmesan)
salt

METHOD

1 Prepare the tomato in concass.
2 Finely chop the parsley. Slice red chili peppers
3 Keep a basil leaf, few almonds, and few sliced red chili peppers for garnish.
4 In a food processor, add tomato, almonds, red chili pepper, garlic, grated cheese, and extra virgin olive oil. Process until smooth, then add the basil until you get a creamy pesto sauce.
5 Cook the pasta in salted boiling water for 10~11 minutes until al dente.
6 Add the pesto sauce to the pan, but don't put the pan on the flame.
7 Drain the pasta and add it to the pan, keeping it away from the heat and toss well to combine.
8 Decorate with the sliced red chili peppers, whole almonds, and basil leaves and sprinkle with the parsley.

Scallop Ragout with Orecchiette

Orecchiette al ragout di cappesante

This scallop stew with pasta needs the freshest scallops and is fast and easy to make. The most important thing to remember is not to overcook your scallops or they will toughen quickly. Any sturdy shape pasta such as rigatoni, fusilli, farfalle, penne or linguine will work well for this dish.

Serves 1
INGREDIENTS

90g orecchiette
150g 5 big scallops
1 whole ripe tomato
50ml extra virgin olive oil
50ml brady
10g fresh parsley
1 clove of garlic
1 sage leaf, marjoram and thyme
Salt and black pepper

METHOD

1 Wash the scallops well and dry them. Put one whole scallop aside and cut the others into small cubes.

2 Cut the tomato into a concass.

3 Finely chop the garlic clove and parsley.

4 Cook the pasta in salted boiling water for about 12 minutes until al dente.

5 Put half of the extra virgin olive oil into a pan with the chopped garlic and half of the parsley and brown lightly.

6 Add the scallops and leave for a few seconds to develop the flavor. Flambe with the brandy until the flame dies out, then remove from the heat.

7 Add salt and pepper to taste.

8 In another small non-stick pan add a little oil, bring to high heat and fry the whole scallop for 1 minute on each side. Add salt and black pepper.

9 Drain the pasta and add it to the pan with the minced scallops.

10 Add the tomato concass, the rest of the extra virgin olive oil, most of the parsley and toss well over high heat for a few seconds

11 Garnish with the remaining parsley and place the whole scallop over the pasta piercing it with the herbs.

Broccoli Pennoni

Pennoni ai broccoli

Here is a quick and easy vegetarian pasta dish that you will simply enjoy. Pennoni originated from Sicily but this pasta dried out so fast due to the hot weather that it later became more known in Naples. The ends of this tubular pasta are cut at an angle to look like quill pens.

Serves 1
INGREDIENTS

90g pennoni
150g broccoli
1 clove of garlic
1 fresh spicy
red chili pepper
1 ripe tomato
10g fresh parsley
1 salted anchovy fillet
100ml extra virgin
olive oil

METHOD

1 Clean the broccoli well and cut it with a small knife from the stalks obtaining small bunches.

2 Cut the garlic clove into thin slices. Finely chop the parsley.

3 Cut the red chilli pepper into thin slices removing the seeds.

4 Prepare the concass with the ripe tomato.

5 Drop the broccoli into the boiling salted water for about 3 minutes then drain it and immediately put it into ice water for a few minutes, then drain again.

6 Cook the pasta in the boiling broccoli water for about 12 minutes.

7 In a pan put the extra virgin olive oil and the anchovy, half of the chopped parsley, the sliced garlic, and the red chili pepper and brown over medium heat for a few seconds.

8 Add the broccoli and cook with the other ingredients being careful not to overcook them, so that the broccoli maintains its nutritional value and bright green color.

9 Drain the pasta and add it to the sauce, then add the tomato concass and fry over high heat for a few seconds.

10 Chopped parsley sprinkled over it.

Carrettiera Style Tagliolini with Garlic and Basil

Tagliolini di aglio e basilico alla carrettiera

Pasta alla Carrettiera means Cart-Driver's Sauce, and is attributed to the drivers of the carts. It is the simplicity itself that is so tasty and satisfying. You just heat the extra virgin olive oil with tomatoes and cook in a very short time. This pasta originated in Rome and the Romans fondly referred to it as carrettiera or puttanesca.

Serves 1

INGREDIENTS

90g tagliolini
1 big ripe tomato
1 fresh
red chili pepper
1 clove of garlic
10g fresh basil
50ml extra virgin
olive oil
Salt

METHOD

1 Prepare the tomato with the same procedure of the concass but instead of cutting it into small cubes cut it into long strips, as a thick julienne.

2 Cut the fresh red chilli pepper and garlic into thin slices.

3 Cut the basil in thin strips and keep a couple of leaves for the garnish.

4 Cook the pasta in salted boiling water for about 7 minutes until al dente.

5 Put 1/2 of the extra virgin olive oil in the pan and slowly brown the garlic hot pepper slices.

6 Add the tomato and the salt, and cook for 2 minutes over high heat. then remove from the heat.

7 Drain the pasta and add it to the sauce with the basil and remaining extra virgin olive oil.

8 Toss over high heat for few seconds.

9 Garnish with the fresh basil leaves.

Lobster Fettuccine
Fettuccine all' astice

This is my most favorite seafood pasta dish, you will enjoy it as much as I do. I have experienced the most amazing flavor of Lobster in Sardinia, an island of Italy in the Mediterranean Sea. Sardinia is the best place for olives where local men are famous for their longevity. On this small island, over 200 people are over 100 years old. It proves that olives and olive oil are key to longevity.

Serves 1
INGREDIENTS

90g fettuccine
About 300g fresh lobster
1 clove of garlic
100g plum tomatoes
30g basil
50ml brandy
50ml extra virgin olive oil
Salt

METHOD

1 Cut the lobster length wise and extract all the meat from the tail. With a steak hammer break the claws and extract the meat. Gather all the meat and mince it.

2 With a pair of scissors trim the head of the lobster, clean it well and keep it aside for garnish.

3 Cut the basil into thin julienne strips keeping a fresh leaf for the final garnish.

4 Put the head of the lobster into the boiling salted water. After 3 minutes cook the pasta together for 9 minutes.

5 Put half of the extra virgin olive oil and the chopped garlic into a pan and brown without burning the garlic.

6 Add the lobster meat, stirring it well with the garlic for about one minute.

7 Flambe with the garlic and when the fire dies out. Add the quartered plum tomatoes.

8 Add some salt and a spoon of the boiling pasta water to facilitate the simmering and to prevent the sauce from getting too dry. Leave it for 4 minutes.

9 Remove the head of the lobster, then drain the pasta and add it to the sauce.

10 Add the basil strips, the rest of the olive oil and stir over high heat.

11 Serve the pasta into the dish and garnish with the head of the lobster and the basil leaf.

Fusilli with Cotechino, Corn and Pistachios

Fusilli verdi al cotechino, mais e pistacchio

Cotechino is a very special salami and you can easily find it in a Christmas meal in Italy. People believe that you will have a happy New Year if you have Cotechino. Try Panettone, the traditional Italian Christmas bread, which is perfectly suited for dessert after this pasta dish. It contains candied orange, citron and lemon zest as well as raisins.

Serves 1
INGREDIENTS

90g green color fusilli

1 shallot

140g cotechino, Italian DOP

50g canned corns

50g pistachios

10g fresh parsley

50ml extra virgin olive oil

black pepper

METHOD

1 Keep the pack of cotechino sealed and place it in boiling water for about 15 minutes.

2 Open the pack and drain the oil inside, then peel the casing off it and cut it into 1cm cubes.

3 Finley chop the shallot and parsley.

4 Drain the water from the canned corn and rinse it for about 2 minutes, then drain and dry.

5 Crush 1/2 of the pistachios with a hammer and leave the other half whole.

6 Cook the pasta in salted boiling water for 9~10 minutes until al dente.

7 Saute the shallot and half of the parsley with extra virgin olive oil in a pan until golden.

8 Add the pistachios to the pan and cook for a few seconds.

9 Add the corn and the cotechino, then cook over low heat for about 3 minutes. Add some of the pasta cooking water if the sauce is too dry.

10 Add the black pepper to taste. Because Cotechino is seasoned with salt and spices you don't need to add any salt.

11 Drain the pasta and add it to the pan with the parsley. Toss over high heat for a few seconds.

12 Sprinkle with fresh chopped parsley and serve.

Ruotine with Pear and Gorgonzola
Ruotine colorate alle pere e gorgonzola

This pasta dish is for the people who love gorgonzola cheese and it goes very well with the sweetness of the pear. Gorgonzola is made from unskimmed cow's milk and is a famous blue cheese originating in Italy.

England has Stilton cheese, France has Bleu cheese and Italy has Gorgonzola cheese! These 3 cheeses have air holes that allow for the growth of mold and their distinctive and pungent taste.

Serves 1
INGREDIENTS

90g Ruotine
150g a pear
90g gorgonzola cheese
100ml cream
20g butter

METHOD

1 Cut the gorgonzola cheese into small cubes of 1cm and keep some cubes for the garnish.

2 Peel the pears and cut some segments for the garnish then cut the rest of the pear into cubes of 0.5cm.

3 Boil the cream in a pan. When it starts boiling, add the gorgonzola and allow it to fully melt into a delicate fondue. There is no need to add salt, as the gorgonzola cheese will give the right flavor to the sauce.

4 Cook the pasta in salted boiling water for about 9 minutes.

5 Put the butter into a pan until it melts then brown the segments of pear on both sides over low heat. Remove them from the pan and add the other cubes of pear to brown for 1 minute over medium-high heat. It is important that the butter does not burn but still keeps a golden color.

6 Add the gorgonzola fondue to the pears and mix well then bring to boil and cook for 2 more minutes over low heat.

7 Drain the pasta and add it to the sauce, toss to coat for a few seconds over high heat.

8 Serve and garnish with the gorgonzola cubes and the pear segments.

Drum Tagliatelle with Mortadella and Asiago Cheese

Timballo di tagliatelle alla mortadella e formaggio Asiago

Timballo is a famous baked Italian pasta dish. The dish takes its name from the Italian word for a kettle drum. This is an elegant, impressive, and extremely versatile Italian dish to impress your friends with your culinary prowess. It looks beautiful and tastes fantastic!

Serves 1
INGREDIENTS

90g tagliatelle
90g asiago cheese
80g mortadella,
sliced 1mm thick
100ml cream
5g fresh parsley
10cm round mold

METHOD

1 Finely julienne the mortadella. In a nonstick pan cook 1/2 of the mortadella over high heat until crisp. Keep the rest and set aside.

2 Finely chop the parsley.

3 Cook the pasta for about 9 minutes until al dente.

4 Boil the cream in a pan, then add the asiago cheese to the cream. Melt the cheese over low heat until creamy and stir well, then remove from the heat.

5 Drain the pasta and add it to the cheese fondue, then add the rest of mortadella. Stir well with the heat. Make sure that the cheese fondue is not watery.

6 In an oven pan, place baking paper on the bottom and a mold on top. Put the pasta inside the mold and press well to make a timballo.

7 Preheat the oven to 200 degrees and cook for about 4 minutes.

8 Remove from the oven, then use a spatula to place the timballo onto a serving plate, then remove the mold.

9 Sprinkle with the non-crisp and crisp mortadella, asiago cheese strips, and chopped parsley around the timballo.

10 Garnish with the crisp mortadella on the top.

Straccetti with Orange
Straccetti di germe di grano all' arancia

This is a very rare pasta dish that uses fruits and cream. It has a very special taste with light flavors. I just love how the silky texture of the orange segments plays off. You need orange segments that are wonderfully juicy but don't have a hint of the rind, pith, or skin on them. In order to get pretty orange segments, you need a sharp flexible knife and a few extra minutes. Slice the ends off the orange and peel off the rind and slice off the white pith. Slice in towards the center of the orange, as close to the membrane as possible. Stop when you reach the end of the segment. Free the orange segments by cutting along the seams that separate them from each other.

Serves 1
INGREDIENTS

90g wheat germ straccetti
1 orange
100ml cream
10g butter
50ml brandy
salt

METHOD

1 Wash the orange and drain, then grate of the orange zest. Use a knife to cut the peel away and any of the white pith, then take out the orange flesh. Keep the orange juice.

2 Cook the pasta in salted boiling water for about 10 minutes until al dente.

3 Boil the cream with grated orange zest in a pan, then simmer and reduce to half.

4 In a small pan melt the butter with orange flesh and cook for a few seconds.

5 Flambe with brandy and add orange juice. Remove from the heat and take out the orange flesh for garnish.

6 Add orange juice and brandy sauce to the cream pan and boil over low heat for about 3minutes, then season with salt.

7 Drain the pasta and add it to the sauce then toss over high heat for a few seconds.

8 Decorate with orange flesh and serve.

Crab Ziti
Ziti al granchio

This pasta comes either as long, hollow rods or as short tubes, called ziti. This special shape of pasta is for special occasions. You can decorate it just like the photograph. Cookery is not chemistry or an exact science: it is an art. It requires instinct and taste rather than exact measurements and a perfect combination of ingredients.

Serves 1
INGREDIENTS

90g ziti
200g a pink crab
granchio
(like the granseola)
1 ripe tomato
1 clove of garlic
10g fresh rosemary
50ml brandy
50ml extra virgin
olive oil
Salt and pepper

METHOD

1 Prepare 2 pots of boiling water. One with salt for the pasta, and one with fresh water for the crab. Immerse the crab into the boiling water, cover and leave for 8 minutes. The water must boil continually.

2 Drain the crab and leave to cool. Then, with the pincer break the carapace and extract the pulp. Clean the crabs' head well, which will be used together with the claws for the final garnish.

3 Prepare a concass using the tomato.

4 Chop the rosemary leaves finely. Keep some leaves and one sprig for the garnish Finely mince the garlic.

5 Boil the pasta into salted water for 10~11 minutes.

6 Put 1/2 of the extra virgin olive oil and the chopped garlic into a pan and saute until lightly brown.

7 Immediately add the chopped rosemary and brown it with the garlic.

8 Add the pulp of the crab, stir over high heat and flambe it with the brandy.

9 When the flames go out add the tomato concass and leave with the sauce for 2 minutes over medium heat.

10 Add salt and black pepper and remove from heat.

11 Drain the ziti and add it to the pan, add the rest of extra virgin olive oil and stir well over high heat for a few seconds.

12 Serve by placing the pasta into the head of the crab, garnishing with the claws and rosemary springs.

Letter Pasta with Garlic Sauce

Letterine all' agliata

This is a special pasta for children. They can have fun while looking for alphabet letters from A to Z. It is a good way to get children to the table and to begin experiencing the joys of both casual and fine dining.

Serves 1
INGREDIENTS

90g letters-shaped pasta
2 cloves of garlic
1 tomato
1 fresh red chili pepper
50ml cream
10g fresh parsley
extra virgin olive oil
salt

METHOD

1 Similarly to the making process of the concassé. Score the end of the tomato with an X and drop it in boiling water for a few seconds. then peel the tomato skin off remove the seed.

2 Finely chop the parsley.

3 Cut the fresh red chili pepper into thin strips, remove the seeds.

4 Put 3/4 of the tomato flesh, the garlic cloves, and a little salt into a blender and blend well until you get a tomato pure.

5 Cut the remaining tomato pulp into regular bits.

6 Boil and cook pasta for about 9 or 10 minutes into salted water.

7 Put into a pan a little oil with half of the chopped parsley and the red chili pepper, lightly brown them over high heat.

8 Add the bits of tomato flesh and the tomato pure and bring to boil stirring well.

9 Add the cream and cook for about 4 minutes over high heat, taste the sauce and if necessary add some salt.

10 Drain the pasta and add it to the pan, then add the remaining chopped fresh parsley, stir over high heat for a few seconds and serve immediately.

Zoo Pasta with Asparagus and prosciutto
La pasta dello Zoo agli asparagi e prosciutto crudo

This nutritious pasta is especially for the children and they can have fun finding different animals. Every year there is a contest to create a new shape and name for a pasta. There are now more than 200 distinct pastas! This zoo pasta quickly became hit with children.

Serves 1
INGREDIENTS

90g animal
shaped pasta
100g prosciutto
120g asparagus
1 shallot
40g butter
salt and black pepper

METHOD

1 Cut off the hard, lower part of the asparagus stalks, and rinse them under cold running water. Put the asparagus into a pot with salted boiling water, (the same that will be used for the pasta), and boil for 3 minutes then drain them and immerse immediately into ice water. Drain the asparagus again and gently pat dry.

2 Cut the tips the asparagus and slice the rest.

3 Keep one whole slice of prosciutto and thinly slice the rest.

4 Finely, chop the shallot.

5 Put the pasta into the boiling salted water for about 9 minutes.

6 Put the butter into a pan until it melts. Be careful not to burn it and add the shallot and brown it well over high heat.

7 Add the sliced asparagus, including the tips, salt and black pepper to taste, then add some of the pasta boiling water and reduce it for 2 minutes over medium heat. Remove from the heat.

8 Drain the pasta and add it to the pan with the asparagus. add the sliced prosciutto over the pasta and remove from the heat. Toss to combine.

9 Garnish with the whole slice of prosciutto and some of the asparagus tips.

Chocolate Penne with Pine Nuts and Rosemary

Penne di cacao ai pinoli e rosmarino

This is a special creamy recipe using cacao flavored pasta with pine nuts and rosemary. It quickly became a popular dish at Buonasera on Valentine's day and has since become an annual tradition. Diners are surprised to find a pasta dish made with cacao.

Serves 1
INGREDIENTS

90g cacao flavored penne
1 clove of garlic
15g fresh rosemary
40g pine nuts
150ml cream
20g butter
salt and black pepper

METHOD

1 Finely chop the rosemary and leave some for garnish. Finely mince the garlic.

2 In a nonstick pan toast pine nuts over medium-high heat for about 3 minutes. Keep stirring the nuts around the pan with a wooden spatula or spoon. Grate 2/3 of the pine nuts in a mortar and keep the rest for garnish.

3 Cook the pasta in salted boiling water for 10~11 minutes until al dente.

4 Melt the butter with the garlic and rosemary in a pan, then saute over low heat until golden.

5 Add the grated pine nuts and the half of whole pine nuts.

6 Add the cream and season with salt and black pepper, then simmer over low heat for about 7 minutes until reduce to half.

7 Drain the pasta and add it to the sauce. Toss to combine over high heat for a few seconds.

8 Sprinkle with the whole pine nuts and rosemary leaves.

Heart-shaped Pasta with Wine and Rucola

Cuoricini allo spumante e rucola

Celebrate Valentine's Day with a romantic dinner for two. If your partner's favorite food is pasta, this is the one for you. Serve it in a fancy dish and enjoy.

Serves 1
INGREDIENTS

90g red and white heart-shaped pasta
150ml Prosecco-type spumante wine
30g rucola
150ml cream
10g butter
Salt

METHOD

1 Put the spumante into a pan and season with the salt, then bring it to boil until one third of it evaporates.

2 Add the cream and mix well with the whisk, simmer for 5 minutes.

3 Remove the sauce from the heat and add the butter. Mix well.

4 Put a large pot of salted water on to boil and cook the pasta for about 9 minutes until al dente.

5 Meanwhile select the rucola leaves, keeping three or four of the nicest leaves for the final garnish. Put the rest into the mixer together with the warm spumante sauce.

6 Mix well and filter through the strainer to eliminate eventual impurities.

7 Put the sauce back into the pan. Drain the pasta and add it to the sauce. It is important not to heat again so that the rucola remains fresh and does not change the color.

8 Put the pasta into the dish and garnish with the rucola leaves.

Italian Wine

이탈리아 요리를 좀더 맛있게 즐기기 위해서는 항상 와인과의 조화를 생각하는 것이 좋다. 와인은 이탈리아 식 식사가 이루는 오케스트라와도 같은 조화에 있어 마지막 정점을 찍어주는 역할을 한다. 이탈리아 인들에게 있어 식탁에 앉는다는 것은 순수하게 배고픔만을 채우기 위한 행위가 아니라 가족 구성원 모두가 모이는 가장 중요한 순간 중의 하나이다. 식탁에 함께 둘러 앉아 그날의 일과와 힘들고 좋았던 일들을 이야기 하면서 서로의 마음을 도닥여 주는 가족 모두에게 안식처와도 같다. 이때 식사와 함께하는 와인은 윤활제와도 같이 너무나도 일상적이고 자연스럽다.

이탈리아는 지중해성 기후와 풍요로운 햇빛으로 인해 오래전부터 포도를 재배해 왔다. 특히 길게 늘어진 반도는 다채로운 포도 품종을 재배할 수 있는 환경이 되어 다양한 종류의 와인이 생산되고 있다. 그 중, 북부의 피에몬테, 중부의 토스카나 지역은 세계적으로도 유명한 와인이 많다. 이탈리아에서는 안정적으로 와인의 품질을 개선하고 유지하기 위해 DOC (Denominazione di Origine Controllata: 원산지 표기 와인) 등급을 도입했는데, 4가지의 등급으로 이루어진다.

이 가운데 DOC(Denominazione di Origine Controllata: 생산 통제법에 의해 관리 받는 원산지 표기 와인)등급은 프랑스의 AOC에 해당하는 등급으로 정부에 의해서 규정된 지역에서 해당 지역의 고유한 특성을 보존할 수 있는 특정 규정대로 양조해야 한다. 이 등급부터는 구체적인 지역 명을 기재한다. 상당히 까다로운 조건으로 지금까지 약 314종의 와인이 이 등급을 획득하였다.

최고의 등급으로 DOCG (Denominazione di Origine Controllata e Garantita: 생산 통제법에 의해 관리 받고 보장받는 원산지 표기와인)는 DOC등급의 와인 중 이탈리아 농림성의 추천을 받고 법률로 정한 까다로운 조건에 블라인드 테스트까지 통과해야만 이 등급을 부여 받을 수 있고 지금까지 35종의 와인이 이 조건에 만족했다. DOCG등급 와인 중 잘 알려진 와인으로는 바르바레스코나 끼안띠 등이 있다.

몇 가지 용어를 설명하자면 '바디'는 간단하게 라이트-미디움-풀로 3단계로 구분하며 와인을 마실 때 입안에서 느끼는 밀도감이나 무게감을 말한다. '빈티지'는 포도의 수확년도를 뜻하며, '탄닌'은 포도 껍질에서 생성되는 자연상태의 화합물로 와인을 입에 머금었을 때 까끌하며 씁쓸함을 느끼게 한다. 탄닌이 풍부한 와인은 충분한 숙성을 거치면 부드럽게 변한다.

Lungarotti Sangiovese
룽가로티 산지오베제 + 야채 파르팔레 아를렛끼노 파스타 p.20

이탈리아 중부 움브리아 지역의 산지오베제 품종의 레드와인으로 부드러운 탄닌을 함유해 마시기 쉽다. 싱그러운 과일향이 야채가 듬뿍 들어간 파르팔레 파스타와 잘 어울린다.

Albizzia Chardonnay 2006
알비지아 샤도네이 2006 + 봉골레 p.22

토스카나 지역의 프레스코발디家의 화이트와인이다. 프레스코발디家는 지난 700년 넘게 와인을 생산해왔는데 이 곳의 와인은 뛰어난 품질로 영국의 에드워드 1세, 헨리 8세와 르네상스 시대의 천재 예술가 도나텔로, 미켈란젤로도 즐겼다는 기록이 있다. 크리스탈처럼 투명한 밀짚 색으로 상큼한 감귤류와 복숭아의 향이 싱그러워 봉골레와 같이 가벼운 맛의 파스타와 어울린다.

Sito Moresco 2005
시토 모레스코 2005 + 까르보나라 p.24

DOC인 랑게 지역의 레드와인으로 복잡하고 오랜 숙성이 필요한 네비올로에 까베르네 소비뇽과 멜롯이 더해져 접근하기 쉬운 스타일이 되었다. 숙성이 많이 되지 않은 상태에서 마시기 좋으나 10년 정도 숙성도 가능한 와인이다. 묵직한 느낌의 크림 파스타와 어울린다.

Dolcetto d'Alba 2005
돌체토 달바 2005 + 알리오 올리오 고추 링귀네 p.26

피에몬테 지역의 돌체토 품종의 레드와인으로 영롱한 루비색이 아름답다. 120년 전통의 피오 체사레 와이너리에서 생산한다. 레드커런트와 블루베리의 향이 생생한 산뜻한 맛의 와인이다.

Pomino Vendemmia Tardiva 2004
포미노 벤뎀미아 타르디바 2004 + 갑오징어 먹물 리가또니 p.28

DOC인 포미노 산 화이트와인으로 샤도네이를 주축으로 피노 비앙코, 뜨라미네르 등 총 4종의 포도 품종이 블렌딩되었다. 오렌지색을 살짝 띠는 황금빛으로 살구향이 짙다. 블루치즈, 고르곤졸라와 같은 스파이시한 치즈류와 잘 어울린다.

Rennina 2001
레니나 2001 + 샐러드 스파게티 p.30

토스카나 지역의 와인으로 세 곳의 각기 다른 포도밭에서 생산된 산지오베제가 블렌딩 되었다. 섬세한 스파이스 향과 꽃향기에 미디움과 풀바디 사이의 단단한 탄닌이 매혹적이다. 묵직한 느낌이 가벼운 맛의 샐러드 파스타와 반대의 매력으로 잘 어울린다.

Gavi 2005
가비 2005 + 제노바 식 페스토로 맛을 낸 뜨레넷떼 p.32

이탈리아 북부 피에몬테 지역의 코르떼제 품종의 화이트와인으로 푸른빛이 돌 정도로 맑은빛을 띤다. 상큼한 레몬향에 강한 드라이한 맛이 쌉쌀한 페스토와 잘 어울린다. 이태리 화이트와인 가운데 가장 유명한 것 중 하나이며 이태리 화이트 버건디 와인이라고도 불린다.

Montefalco Sagrantino 25th Anniv 2004
몬테팔코 사그란티노 2004 + 아마트리치아나 p.34

1993년 아르날로 카프라이社가 25주년을 기념하여 사그란티노 품종으로만 처음 와인을 만든 이후로 지금까지 이 이름으로 만들어 오고 있다. 9년 연속 상을 수상할 만큼 움브리아를 대표하는 레드와인이다. 거의 블랙에 가까운 깊은 루비색에 놀라울 정도로 풍성한 바닐라향을 느낄 수 있다.

Chronicon
크로니콘 + 까쵸까발로 치즈 스파게티 p.36

몬테풀치아노 다브루조 품종으로 나무향이 향긋하다. 균형 있는 미디움 바디 레드와인으로 탄닌이 감칠맛이 난다.

Poggio alla Guardia 2004
포지오 알라 구아르디아 2004 + 생크림, 프로슈토, 완두콩으로 맛을 낸 스뜨랏쳇띠 p.38

세계 최고의 와인을 만들고자 이탈리아 끼안띠 클라시코의 명가 '카스텔라레'가 산지오베제를 생산하고 프랑스 보르도의 명문 '도마인 바론'이 까베르네 소비뇽과 멜롯을 생산한 후 합작하여 볼게리에서 생산한 레드와인이다. 미디움 바디의 가벼운 와인으로 잼과 같이 달콤한 과일 맛이 난다.

Torre di Giano 2005
또레 디 지아노 2005 + 해산물로 맛을 낸 검은 페투치네 p.40

움브리아 지역의 와인으로 룽가로띠社가 회사를 설립한 이후로 최초로 DOC급을 획득한 와인이기도
하다. 은은하게 배어있는 나무의 향이 긴 여운을 주며 드라이한 맛은 해산물 요리에 잘 어울리고 특히
송로버섯과 훌륭한 궁합을 자랑한다.

Planeta Syrah
플라네타 시라 + 뿌따네스까 스타일 스파게티 p.42

1998년 혜성과 같이 등장하여 전 세계 와인업계를 놀라게 했던 플라네타社에서 만들어진 시칠리아 남
부의 쉬라 품종 와인이다. 검붉은 레드 컬러이며 후추와 클로브의 강한 향을 지니고 있고 향이 진한
음식과 잘 어울린다.

Sperss 2000
스페르스 2000 + 잠두콩과 빤쳇타를 넣은 스트롯짜쁘레티 p.48

스페르스는 피에몬테 방언으로 향수(nostalgia)라는 뜻인데 바롤로 지역의 파워풀했던 와인을 추억하
며 만든 와인이다. 가야社는 이 와인을 위해 1988년 스페르스라는 이름의 세라룽가 지역의 30에이커
(약 36,000평)의 땅을 사들였다. 트러플 향을 가진 이 와인은 무게감 있고 잘 익은 탄닌이 풍부한 풀
바디 와인이다.

Feudo Montoni Nero d'Avola 2004
페우도 몬토니 네로 다볼라 2004 + 펜네 노르마 p.50

'페우도'는 봉토 즉, 중세시대에 영주가 하사한 땅이라는 뜻으로 페우도로 시작되는 이름의 와이너리
는 긴 역사적 배경을 갖는 경우가 많다. 페우도 몬토니社는 진정한 시칠리아의 토착 품종인 네로다볼
라만을 600년 이상 원형에 충실하게 만들어 온 고집스러운 회사이다. 수확기 전에 포도송이의 수를
확 줄여 고 품질의 포도로만 양조한다. 시칠리아의 강한 태양의 기운을 흡수한 풍성하고 농축된 풍미
로 흑연과 같은 향에 스파이시한 느낌이 더해져 풍부한 맛이 난다.

San Clemente Montapulciano
샌클레멘트 몬테풀치아노 + 로비올라와 모르따델라를 넣은 말딸리아띠 p.52

몬테풀치아노 다브루조 품종으로 만든 맑고 강렬한 루비색의 와인이다. 감초와 숲의 향이 진하며 탄닌
이 부드럽게 넘어간다. 10년간 보관해도 좋을 와인이다.

Dagromis Barolo 2001
그로미스 바롤로 2001 + 네 가지 치즈와 호두로 맛을 낸 펜네 p.54

석회질의 진흙토에서 자란 네비올로 품종으로 만든 와인으로 부드럽고 풍부한 맛과 긴 여운을 지닌 와인이다. 강렬한 진홍색을 띠고 있으며 오픈하면 말린 허브의 스파이스한 향이 코끝을 자극하고 이후 풍부한 베리향과 꽃향기를 느낄 수 있다.

Gaia & Rey 2004
가이아 앤 레이 2004 + 낙지와 토마토를 곁들인 레지넷떼 p.56

이탈리아 북부 피에몬테 지역의 샤도네이 품종의 와인으로 달콤한 꿀의 향을 느낄 수 있다. 레드와인과 같이 단단한 구조의 풀 바디 와인으로 생생한 산도가 풍부한 과일 맛과 더해져 몇 년간 숙성하면 더욱 우아한 맛을 즐길 수 있다.

Luce 2004
루체 2004 + 오리 가슴살을 곁들인 루마께 p.58

역사와 전통을 가진 이탈리아 토스카나 지역의 프레스코발디와 첨단 와인 양조 기술을 가진 미국 나파 밸리의 로버트 몬다비가 합자해 만든 루체 델라 비타社를 대표하는 와인이다. 초콜릿의 달콤한 향이 오리 가슴살과 잘 어울리며 특히 이 와인은 사냥으로 잡은 고기 요리와 잘 어울린다.

Cappellaccio 2001
카펠라치오 2001 + 따란또 식 홍합 스뜨로짜쁘레띠 p.60

이탈리아 남부 뿔리야 지방의 와인이다. 15세기 초에 세워진 리베라社의 알리아니꼬 품종으로 만들어졌다. 알리아니꼬 품종은 고대 그리스에서 남부 이탈리아 지역으로 전해진 지구상에서 가장 오래된 품종 중 하나이다. 짙은 루비색의 와인은 오크향이 물씬 풍긴다.

Settesoli Madrarossa 2005
세테솔리 만드라로싸 2005 + 가지로 감싼 페투치네 p.62

남부 시칠리아의 까베르네 소비뇽 품종 와인이다. 강렬한 자주 빛을 띠며 포도와 오크향이 물씬 풍긴다. 오랜 여운을 느낄 수 있다. 구운 가지와 잘 어울린다.

Planeta la Segreta Bianco 2005
플라네타 라 세그레타 비앙코 2005 + 정어리를 넣은 부까띠니 p.64

일정한 기후와 좋은 토양을 가진 시칠리아의 와인으로 풍부한 향과 드라이한 맛, 오랜 여운이 특징이다. 부드러운 과일향과 민트의 끝맛이 상큼함을 느낄 수 있다. 시칠리아의 전통 파스타와 잘 어울린다.

Barbera d'Asti Bricco dell'uccellone 2001
바르베라 다스띠 브리코 델루첼로네 2001 +포르치니 버섯으로 맛을 낸 세다니니 p.66

이탈리아 북부 피에몬테 지역의 바르베라 품종 와인으로 자꼬모 볼로냐社의 와인이다. 이태리 전체 와인의 30%를 차지하고 있었지만 테이블 와인에 지나지 않았던 바르베라 품종의 혁신을 가져온 공헌으로 이태리 와인 산업 발전을 이끈 12대 와이너리에 선정되기도 했다. 초보자도 쉽게 접근할 수 있는 쉬운 맛으로 소박한 요리에 어울린다.

Planeta Nero d'Avola Santa Cecillia
플라네타 네로 다볼라 산타 체칠리아 + 깔라브리아 지방식 빠빠르델레 p.68

시칠리아 남부 플라네타社의 와인으로 이탈리아 고유 품종인 네로다볼라로 이루어져 있 다. 짙은 루비색으로 풀 바디의 와인이다. 크렌베리향을 시작으로 헤이즐넛, 후추, 라즈베리 등 폭발적인 향을 느낄 수 있다. 네로 다볼라의 개성을 가장 잘 표현했다는 평가를 받는다.

Castel del Monte Lama di Corvo 2004
카스텔 델 몬테 라마디 코르보 2004 + 무청을 넣은 오렛끼엣떼 p.70

남부 뿔리아 지방의 샤도네이 품종으로 만들어진 와인으로 밝고 노란 빛의 밀짚 색을 지녔으며 잘 익은 바나나향이 달콤한 기분을 느끼게 해준다. 샤프란과 계피향을 피니쉬로 느낄 수 있다. 야채를 곁들인 파스타와 잘 어울린다.

Greco di Tufo 2005
그레꼬 디 투포 2005 + 황새치, 민트, 아몬드를 넣은 나스뜨리 p.76

남부 깜빠니아 지역의 그레꼬 품종 와인이다. 그레꼬 디 투포 품종은 고대 라틴 작가들에 의해 칭송되어진 포도 품종으로 고대 로마의 시인 비르길은 다른 어떤 포도와도 비교할 수 없다고 말했다. DOCG인 투포 지역에서 제한적으로 재배되고 있다. 황금빛의 강렬한 노란색으로 박하향을 느낄 수 있다. 순수하고 신선한 기품 있는 맛으로 달콤한 건포도가 들어간 파스타와 잘 어울린다.

Barbera d'Alba 2004
바르베라 달바 2004 + 호두 페스토로 맛을 낸 스뜨랏치 p.78

피에몬테 지역의 바르베라 품종 와인이다. 피에몬테 지역에서 가장 널리 알려지고 사랑받는 대중적인
와인 중의 하나로 강렬하면서도 풍부한 맛을 느낄 수 있다. 치즈를 사용한 요리에 특히 잘 어울린다.

San Clemente Trebbiano
샌클레멘트 트레비아노 + 연어를 곁들인 푸질리 p.80

이탈리아 고유 품종인 트레비아노 다브루조 품종으로 강렬한 노란빛을 띤다. 토스트향과 바닐라향이
조화를 이루어 균형감이 좋다.

Nebbiolo d'Alba 2004
네비올로 달바 2004 + 카레를 넣은 펜네 p.82

DOC인 알바지역의 네비올로 품종으로 야생 바이올렛과 장미향, 바닐라의 숨은 향이 섬세한 향을 느
끼게 한다. 드라이하지만 부드러워 좀더 가볍고 쉽게 맛볼 수 있는 와인이다.

Poggio Bronzone 2003
포지오 브론조네 2003 + 토마토, 루꼴라, 프로슈토 맛을 낸 딸리아뗄레 p.84

토스카나 지역의 테누떼 벨구아르도社의 산지오베제 품종의 와인이다. 짙은 루비색이 식욕을 돋운다.
이탈리아의 토착 품종으로 어느 파스타에나 두루두루 어울린다.

Lacryma Christi del Vesuvio Bianco 2003
라크리마 크리스티 델 베수비오 비앙코2003 + 레몬으로 맛을 낸 그라냐노 산 빳께리 p.86

남부 나폴리 지역의 와인으로 라크리마 크리스티는 이탈리아어로 '예수의 눈물' 이라는 의미이다. 전해
오는 얘기로는 악마가 천국의 땅을 훔쳐 만든 도시가 나폴리였다고 한다. 예수가 베수비오 화산 뒤에
서 땅을 내려다보며 그 타락함에 눈물지었는데 눈물이 떨어진 자리에 포도가 자랐다 하여 이렇게 이
름이 붙여졌다. 남부 지역의 화이트 와인답게 농도 짙은 식감을 느낄 수 있고 시트러스의 싱그러움이
세련되게 느껴지는 와인이다.

Friuli Isonzo Tocai Friulino 2003
프리울리 이손조 토카이 프리울리노 2003 + 바삭한 오징어가 어우러진 딸리올리니 p.88

이탈리아 북부 프리울리 베네치아 쥴리아 지역의 와인으로 토카이 프리울리노 종으로 만들어졌다. 들꽃의 향기가 마음을 편안하게 만들어 주고 적당한 산도와 고소한 아몬드의 맛은 구운 오징어와 잘 어울린다.

Cusumano Angimbe 2004
쿠수마노 안짐베 2004 + 리꼬따로 맛을 낸 샤프란 딸리아뗄레 p.90

세계 100대 와인에 선정된 바 있는 와인이다. 시칠리아 토종 품종인 인솔리아와 국제적인 품종인 샤도네이가 블렌딩 되었다. 드라이한 맛이 숙성된 치즈와 잘 어울린다.

Sassicaia 2002
사시카이아 2002 + 양고기를 곁들인 포르치니 버섯 향 딸리올리니 p.92

토스카나 지역의 까베르네 소비뇽과 까베르네 프랑 품종이 블렌딩된 와인으로 달콤한 자두향과 약간의 담배향이 잘 어우러져 있다. 고기 특유의 향이 많이 나는 양고기나 사냥감 요리에 잘 어울린다.

Pomino Bianco 2005
포미노 비앙코 2005 + 전복을 곁들인 발사믹 식초 맛 딸리아뗄레 p.94

샤도네이와 피노 블랑 등 세 가지의 품종이 블렌딩 된 와인으로 녹색이 엷게 비치는 밀짚색이다. 신선한 녹색사과의 향이 가볍고 부드러운 맛을 느끼게 하고 오랫동안 지속되는 끝맛이 감미롭다. 발사믹 식초맛의 딸리아뗄레와 상큼한 조합을 느낄 수 있다.

Montapulciano d'Abruzzo
몬테풀치아노 다브루조 + 올리브와 케이퍼를 넣은 펫뚜치네 p.96

몬테풀치아노 다브루조 품종으로 만들며 검은 보라빛을 띠고 있다. 자두와 같은 검은 과일의 향이 물씬 풍기며 묵직한 느낌의 맛으로 감칠맛이 있다.

San Leonardo 2001
산 레오나르도 2001 + 참치 펜노니 p.98

이탈리아 북부의 가장 끝에 위치한 트렌띠노 지역 와인으로 메를로 품종으로 만들어졌다. 테누타 산 레오나르도社의 와인으로 이 곳은 프랑스의 정통적인 보르도 품종을 이탈리아에 들여와 끈기 있게 길러낸 것으로 유명하다. 어린 과일 향과 씁쓸한 풀의 향을 느낄 수 있으며 참치와 잘 어울린다.

Rossi Bass 2005
로씨 바스 2005 + 벨루떼 소스로 맛을 낸 봉골레 파스타 p.100

DOC인 랑게 지역의 와인으로 샤도네이를 주축으로 쇼비뇽 블랑이 살짝 블렌딩되어 있다. 오랜 숙성이 가능한 와인이며 적절한 산도와 신선함은 벨루떼 소스와 특별히 잘 어울린다.

Rubesco 2003
루베스코 2003 + 붉은 양파로 맛을 낸 스페루토 보리 스파게티 p.102

움브리아 지역의 와인으로 지속적으로 콧속까지 스며드는 향이 자극적이다. 산지오베제 품종의 미디움 바디에 까나이올라 품종의 생생함이 더해져 균형 잡힌 맛을 이룬다. 쌉쌀한 스페루토 보리와 어울린다.

Settesoli Madrarossa 2005
세테솔리 만드라로싸 2005 + 신선한 루꼴라를 곁들인 세다니니 p.108

남부 시칠리아 세테솔리社의 까베르네 소비뇽 품종의 와인이다. 강렬한 자주 빛을 띠며 포도와 오크향이 물씬 풍긴다. 오랜 여운을 느낄 수 있다.

Tasca d'Almerita Regaleali Bianco 2006
타스카 달메리타 레갈레알리 비앙카 2006 + 천사의 머리카락 파스타 p.110

시칠리아의 인졸리아 품종 외 두 가지를 블렌딩 한 와인으로 풍부한 라즈베리향이 코를 압도한다. 미디움바디로 입안에 개운하게 남는 긴 여운을 가진 와인이다.

Alteni di Brassica 2004
알테니 디 브라시카 2004 + 호박, 가리비를 넣은 부까띠니 p.112

랑게 지역의 바르바레스코에서 자란 쇼비뇽 블랑의 완벽한 산도가 우아한 맛을 느끼게 해준다. 상큼한 과일향이 가볍게 조리한 가리비와 잘 어울린다.

Borgo San Daniele Pinot Grigio 2003
보르고 산 다니엘레 피노 그리지오 2003 + 파프리카 스파게티 p.114

이탈리아 북부의 와인으로 드라이하며 가벼운 과일향이 샐러드와 잘 어울린다. 야채가 들어간 파스타 와도 좋은 궁합을 자랑한다.

Il Bianco di Ciccio
일 비앙코 디치쵸 + 아스파라거스와 꽃게를 넣은 푸질리 p.116

트레비아노와 샤도네이 품종이 블렌딩 된 와인으로 은은한 녹색을 띄는 밀짚색이다. 연한 향기와 우아 한 맛을 지니고 있으며 빈티지로부터 1년 이내에 마시는 것이 좋다.

Fiano di Avellino 2004
피아노 디 아벨리노 2004 + 나폴리식 파스타 샐러드 p.118

이탈리아 남부 캄파니아 지역의 와인으로 세계 100대 와인으로 선정된 바 있다. 엷은 밀짚색의 과일 향 와인이다. 숙성이 될수록 나무와 꿀의 향기를 지닌다. 드라이한 느낌이 샐러드와 잘 어울린다.

Gavi da Comune di Gavi Bobo 2005
가비 다 꼬뮤네 디 가비보보 2005 + 생참치와 루꼴라로 맛을 낸 딸리아뗄레 p.120

이탈리아 북부 피에몬테의 라 스콜카社의 와인으로 코르테제 품종으로 만들어졌다. 옅은 밀짚색으로 풍미가 좋고 매우 드라이하다. 생선 류와 잘 어울린다.

Couvee Sant'anna 2004

쿠베 산타안나 2004 + 가재 새우와 버섯을 곁들인 부까띠니 p.122

이탈리아 중부 토스카나 지역의 와인으로 샤도네이와 쇼비뇽 블랑이 블렌딩되었다. 옅은 밀짚색에 신선한 풍미를 가지고 있어 입맛을 돋우는 역할을 한다. 잘 익은 열대 과일과 같은 시원한 향은 갑각류 요리와 잘 어울린다.

Agro Argento Carrivali 2004

아그로 아르젠토 까리발리 2004 + 시칠리아 식 페스토 파스타 p.124

시칠리아의 고유 품종인 네로 다볼라로 만들어진 와인으로 달콤하고 잘 익은 붉은 과일의 향, 코코아, 감초, 담배향이 조화를 잘 이루고 있다. 부드러운 치즈와 잘 어울리며 매콤한 시칠리아 음식과도 조화를 이룬다.

Inama Soave Classico Vin Soave 2006

이나마 소아베 클라시코 빈 소아베 2006 + 가리비 스튜 파스타 p.126

100대 와인에 선정되기도 한 이 와인은 이탈리아 북부 피에몬테 베네토 지역의 와인이다. 이 지역의 고유 품종인 가르가네가로 만들어졌으며 녹색 빛이 도는 짙은 노랑에 잘 익은 사과와 라임향이 물씬 풍긴다. 드라이한 맛이 아몬드를 씹었을 때의 맛을 느끼게도 한다.

Planeta Chardonnay 2004

플라네타 샤르도네 2004 + 브로콜리 펜노니 p.128

녹색이 감도는 황금빛이며 바닐라향과 오렌향이 매우 강렬하게 느껴진다. 빈티지 그대로 먹어도 좋지만 6~8년 숙성한 후 먹어도 좋다. 숙성된 치즈와 잘 어울린다.

Colli Martini Grecante 2004

콜리 마르티니 그라칸테 2004 + 까렛띠에라식 마늘 파스타 p.130

움브리아 지역의 와인으로 그레케토 품종으로 만들어졌다. 왕자나 성직자에게 선물로 올렸던 와인으로 유명하다. 녹색 빛을 살짝 띠는 밀짚색에 잘 익은 과일향이 풍긴다.

Terre Alte 2003
떼르 알테 2003 + 바다가재 페투치네 p.136

이탈리아 북부 프리울리 베네치아 쥴리아 지역의 와인으로 피노 비앙코등 총 4종의 품종이 블렌딩되어 복잡하고 미묘한 맛이 난다. 복숭아와 살구향이 물씬 풍기며 해산물 중 갑각류 요리와 잘 어울린다.

Brunello di Montalcino 2002
브루넬로 디 몬탈치노 2002 + 꼬떼끼노, 피스타치오로 맛을 낸 녹색 푸질리 p.138

오랜 역사를 가진 프레스코발디家의 와인으로 DOCG 지역인 몬탈치노의 산지오베제 종이다. 짙고 맑은 루비색이 아름답고 흑연, 납과 같은 미네랄과 담배 잎의 향이 조화롭다. 풍부한 과육의 맛이 신선한 산도와 함께 균형을 이룬다. 잘 숙성된 치즈나 오래 숙성된 살라미와 잘 어울린다.

Barbaresco 2000
바르바레스코 2000 + 고르곤졸라, 배로 맛을 낸 루오띠네 p.140

바르바레스코 지역에 위치한 14개의 다른 포도원에서 생산된 네비올로를 사용해 다양하면서도 복잡하고 미묘한 맛이 일품이다. 묵직한 풀 바디 와인으로 실크와 같은 부드러운 탄닌이 매혹적이다. 가야社의 대표와인으로 각각의 빈티지 별로 독특한 특징을 지니며 30년 이상 보관이 가능하다.

Amarone della Valpolicella 2000
아마로네 델라 발폴리첼라 2000 + 모르따델라를 곁들인 파스타 케이크 p.142

달 포르노 로마노社가 베로나 지역에서 생산하는 아마로네는 이탈리아의 최고 명품와인으로 평가받고 있다. 코르비나 품종을 주축으로 총 4종의 품종이 블렌딩되어 복합적인 향을 지닌다. 놀라울 정도로 묵직한 풀 바디 와인으로 긴 여운이 일품이다.

Brut 2002
브룻 2002 + 오렌지를 곁들인 스뜨랏쳇띠 p.144

샤도네이와 피노 네로 품종이 블렌딩된 트렌또 지역의 와인이다. 풍부한 스파클링 거품과 푸른빛이 돌 정도로 엷은 색을 지녔다. 풍부한 아몬드향과 드라이한 맛이 조화를 이룬 와인이다.

Tasca d'Almerita Leone d'almerita 2006
타스카 달메리타 레오네 달메리타 2006 + 꽃게로 맛을 낸 지띠 p.146

시칠리아 가타라또의 섬세한 향과 샤르도네의 부드러움이 잘 조화된 와인이다. 자연혜택이 풍부한 시칠리아 와인의 전형을 그대로 드러내 핑크색 그레이프 프루츠와 시트러스의 향이 상쾌하게 느껴진다.

Chianti Riserva Castello di Rapale 2001
끼안띠 리제르바 카스텔로 디 라팔레 2001 + 마늘 맛의 알파벳 파스타 p.148

토스카나 지역의 와인이다. 산지오베제 외에 두 품종이 블렌딩 되어 고기 굽는 향, 스파이시 한 후추향에 달콤한 베리향까지 더해져 복합적인 향을 느낄 수 있다. 딸기와 같은 달콤한 맛이 기분 좋게 느껴진다.

Chianti Classico 2004
끼안티 클라시코 2004 + 생 쁘로슈또로 맛을 낸 동물 파스타 p.150

오랜 역사를 가진 카스텔라레社의 세계적으로 유명한 와인이다. 제초제와 같은 농약과 사냥을 금지한 카스텔라레의 포도원은 새를 포함한 많은 야생 동식물의 천국이다. 에티켓에 그려진 새는 이러한 환경 친화적인 재배를 약속하는 상징을 뜻한다. 미디움 바디의 와인으로 스파이시한 맛이 특징이다.

Sori Tildin 2000
소리 틸딘 2000 + 잣과 로즈마리를 곁들인 카카오 펜네 p.152

초콜릿, 감초 향이 풍부하고 따뜻한 향을 만든다. 잘 익은 탄닌과 풍부한 바디, 부드러운 질감이 잘 어우러져 가야社의 와인 중 가장 균형 잡힌 와인이란 평을 받고 있다. 좋은 빈티지의 경우 40년 이상 보관이 가능하다.

Lungarotti Brut
룽가로티 브룻 + 밸런타인데이 파스타 p.154

모든 작업이 손으로 이루어지는 전통적인 방법으로 만든 와인이다. 움브리아 지역의 샤도네이와 피노 네로 품종의 블렌딩으로 드라이한 맛과 오랜 숙성을 거친 우아한 맛을 지녔다. 쌉쌀한 야채가 들어간 파스타와 잘 어울린다.

재료 및 조리용어

A

안초비 Anchovi

멸치류의 작은 물고기를 소금물로 씻어 포화 식염수에 7~8시간 정도 담근 후, 머리와 내장을 제거하고 소금을 뿌려 무거운 것으로 누른 다음, 수개월 동안 저장해 둔다. 다 익으면 배를 갈라 뼈를 제거하고 둘둘 말아서 병이나 캔에 꼭꼭 채우고 올리브유를 부어 싸둔다. 이대로 먹기도 하고 소금 대신 소스에 간을 하는 용도로 쓰이기도 한다.

아시아고 치즈 Asiago

우유로 만든 치즈로 이태리 북부 베네또 Veneto주에 위치한 도시 이름이기도 하다. DOP(원산지 보호 지정)로 협회의 정해

진 지역 내에서 생산된 우유로 특정 지역에서만 생산한다. 숙성 기간에 따라 그 종류가 나뉘는데 신선한 아시아고의 경우 단맛과 부드러운 맛이 나며 숙성 기간이 길어질수록 맛이 강해지고 매운 맛이 난다.

알 덴떼 Al Dente

면을 씹었을 때, 심의 가장 중심 부분이 살짝 치아에 씹히는 정도로 가장 이상적인 파스타의 익힘을 뜻한다.

아를렛끼노 Arlecchino

이태리 북부 롬바르디아Lombardia 주 베르가모Bergamo 지역 희극에 등장하는 광대, 로이가 입은 알록달록한 화려한 의상의 이름이다. 이 단어가 파스타에 쓰이면, 여러 색의 파스타를 의미한다.

232

B

바질 Basil

이태리어로는 Basilico라고 하는데 이태리 음식에 없어서는 안 되는 중요한 허브이다. 짙은 향기와 매운맛으로 파스타와 특히 잘 어울려 흔하게 사용된다.

부까띠니 Bucatini

면에 구멍이 있다고 하여 이태리어 '구멍이 뚫린 bucato'에서 유래된 파스타 면이다.

잠두콩 Broad beans

마마콩, 누에콩으로 불리기도 한다. 꼬투리가 익으면 검은색이 되며 꼬투리 안에는 4개의 콩이 들어있다. 단맛이 풍부하다.

C

까쵸까발로 치즈 Caciocavallo

끼에띠Chieti와 라뀔라L'Aquila지역에서 시작된 지금은 아브루쪼Abruzzo주의 전 지역에서 만들어진다. 이 지역 야생 소에서 얻어지는 질 좋은 우유에 그 맛의 비결이 있다.

깔라브리아 Calabria

장화모양의 이탈리아 지도 중 발끝에 해당하는 남부 지역의 이름.

케이퍼 Caper

새콤한 맛과 약간 매운 맛이나는 향신료로 케이퍼 식물의 꽃봉오리다. 각진 달걀 모양으로 후추알만한 것부터 강낭콩 크기까지 다양한 크기가 있다. 보통 식초나 올리브유에 절여 육류나 기름기 많은 생선요리에 냄새제거용으로 쓰거나 생것을 다져서 드레싱을 만들기도 한다.

꼬떼끼노 Cotechino

꼬떼끼노는 돼지 살코기, 껍질, 지방, 향초, 향신료 등을 반죽한 후, 인공 또는 돼지 내장에 담은 살라미의 한 종류이다. 향신료는 소금, 후추, 넛맥, 계피 등 지역에 따라 다양하게 사용한다.

꼰까쎄 Concassè

토마토를 십자 모양으로 칼집을 살짝 내어 끓는 물에 살짝 데친 후 바로 얼음물에 헹군다. 칼로 껍질을 벗기고 4등분 하여 씨를 제거한 다음 과육을 0.5cm크기의 작은 주사위 모양으로 자르는 것을 의미한다.

차이나 캡 Colino

끓인 소스를 거를 때 사용하며 원추 모양으로 구멍이 촘촘히 나 있다.

D

DOP

DOP는 'Denominazione di Origine Protetta 원산지 보호 지정'의 약자로 생산품을 특정 지역에서만 만든다는 뜻이다. 자연적 요소나 인간적 요소를 포함하여 정해진 생산 지역 이외의 다른 지역에서 모방할 수 없도록 하는 것이다. 이 DOP마크를 받은 경우 생산자는 엄격한 생산 규칙을 따라야 하며 이러한 규칙은 특정 기관에서 관리한다.

딜 Dill

허브의 한 종류이다. 생선 비린내를 제거하는데 탁월하기 때문에 생선요리에 자주 쓰인다.

F

파르팔레 Farfalle

이태리어로 '나비'란 뜻으로 그 모양에서 따온 파스타 이름이다.

페투치네 Fettuccine

이태리어로 '작은 리본' 이란 뜻으로 폭 7mm의 평평한 얇은 끈 모양으로 딸리아뗄레와 비슷하지만 폭이 더 넓다.

필렛 Fillet

고기나 생선의 뼈 없는 순 살 조각을 의미한다.

폰티나 치즈 Fontina

이태리 스위스, 프랑스와 국경을 맞댄 발레 다오스따Valle d' Aosta지역에서 생산되는 치즈로 특히 빠니니 (빵과 치즈, 여러 햄을 곁들인 샌드위치의 한 일종)에 많이 사용되어 유명하다.

푸질리 Fusili

푸질리는 이태리 중 · 북부에서 만들어졌는데 방추라는 뜻의 이태리어 'fuso'에서 왔다. 3개의 면이 꼬여 나선형을 만든 모양이다. 꼬인 모양에 소스가 잘 묻는다.

프랑베 fiammeggiare

불어로는 flamber. 조리 시 브랜디나 와인, 꼬냑 등을 부어 불을 붙여 알코올 성분은 날리고 향이나 풍미를 내는 작업을 일컫는다.

G

고르곤졸라 Gorgonzola

젖소의 전유로 만들어지며 밀라노Milano 인근 지역에서 처음 만들기 시작하였다. 크게 두 가지 형태가 있는데 크림형태의 고르곤졸라는 부드럽고 단 맛이 나며 살짝 매운맛이다. 크림이 아닌 형태의 고르곤졸라는 매운맛이 강하고 부서지기 쉽다.

관찰레 Guanciale

돼지의 뺨과 목살 부위를 소금과 후추 등의 향료, 허브로 염장하여 숙성시킨 살라미의 일종이다.

그라냐노 Gragnano

이탈리아 깜빠니아Campania 지방의 한 도시로 전통적인 방식에 의한 파스타 제조로 유명한 곳이다.

J

줄리엔 Julienne

야채와 쁘로슈또 등을 약 3cm 길이와 폭 1~2mm의 막대 모양으로 써는 것을 일컫는다. 먼저 재료를 얇은 두께로 썰어 막대 모양으로 만든 후 1~2mm로 채썬다. 섬유질의 야채들은 결의 반대로 자른다.

L

루마께 Lumache

'달팽이'의 이태리어 lumaca의 복수형태로 그 모양에서 따온 파스타이다.

링귀네 Linguine

'페투치네'와 같이 평평하고 긴 파스타의 종류이다. 이름은 이태리어

로 '작은 혀'라는 의미로 깜빠니아Campania주에서 처음 만들기 시작했다.

M

마조람 Maggiorana

달콤한 향기와 쓴맛을 가진, 지중해 연안이 원산지인 허브이다.

말딸리아띠 Maltagliati

딸리아뗄레를 만들면서 남는 조각들을 이용해 만든 것으로 '잘못 잘린'이란 뜻으로 그 모양이 규칙적이지 않은 파스타이다.

메시나 Messinese

이탈리아 시칠리아 섬에 위치한 메시나Messinese주의 주도이다.

모르따델라 Mortadella

실린더 모양으로 분홍빛을 띠며 섬세한 맛과 강한 향료의 향을 가진 살라미의 한 종류다. 고기를 다져 지방과 함께 익힌다.

N

나스뜨리 Nastri

'끈, 리본'이란 뜻의 이태리어로 그 모양에서 따온 파스타이다.

O

오렛끼엣떼 Orecchiette

'귀'라는 뜻의 이태리어 orecchio에서 유래되어 붙여진 이름으로 파스타 모양이 귀와 닮았다.

P

빳께리 Paccheri

나폴리 전통 파스타이다. 나폴리의 방언으로 '세게 뺨 때리기'란 의미로 납작한 원통 모양이 마치 때려서 만든 것 같아 이름 붙여졌다.

빤쳇따 Pancetta

돼지의 복부 부위를 소금과 여러 향료(넛맥, 계피, 노간주나무 열매

등)로 잘 맛사지하여 휴지시킨 후 씻는다. 이후, 건조와 숙성과정을 거쳐 만들어지는 살라미의 한 종류이다. 말거나 펼쳐진 모양 등이 있다.

빠·빠르델레 Pappardelle

계란으로 반죽한 파스타 중 가장 큰 모양으로 중·북부 이태리 지역, 좀 더 정확히 말하자면 토스카나Toscana지방에서 많이 사용된다. 토스카나 방언인 'pappare, 게걸스럽게 먹다' 란 말에서 유래된 이름이다.

파르미쟈노 레쟈노 치즈 Parmigiano

에밀리아 로마냐 Emilia Romagna주의 5개의 지역에서만 생산할 수 있는 DOP로 5개 지역 중의 하나인 파르마 Parma의 이름을 따 만들어졌다. 이 단어의 프랑스어 parmesan이 영어로 옮겨지며 이를 모방한 치즈들을 유럽 외의 나라에서 '파마산'
이라고 부른다. 우유로 만들며 적어도 12개월간 숙성해야 한다. 갈아서 파스타 위에 뿌려 먹거나 리조또 등 요리에 다양한 용도로 사용된다. 보통 16리터 우유에서 1kg의 파르미쟈노 레쟈노 치즈가 생산된다.

페코리노 치즈 Pecorino cheese

이탈리아 중부의 라찌오Lazio지역에서 만드는 치즈이다. 기원전 1세기 고대 로마에서도 먹었던 기록이 남아있는 이탈리아에서 가장 오래된 치즈이기도 하다. 양젖을 오래 숙성시켜 만든 단단한 치즈이다. 짠맛이 강하고 특유의 향이 진하다.

펜네 Penne

이태리어로 '펜' 이란 뜻으로 펜 끝의 뾰족한 모양을 닮아 이름 붙여진 파스타이다.

펜노니 Pennoni

펜네와 같은 모양이지만 크기가 좀 더 큰 파스타이다.

포르치니 버섯 Porcini

크림처럼 부드럽게 녹는 질감에 고소하고 살짝 고기 맛이 나는 버섯으로 사워도우와 비슷한 향이 난다. 다른 버섯보다 수분 함량이 높고 말리면 단백질 함량이 대두 다음으로 높다. 파스타와 리조또에 널리 사용된다.

뿌따네스까식 Puttanesca

'뿌따네스까' 는 이태리어 형용사로 '매춘부 식' 이라는 의미를 가진

다. 파스타의 이름으로는 조금 특이한데 여러가지 설이 있다. 그 중, 하나는 나폴리 도시 내 매춘가에서 주인이 준비하기에 빠르고 쉬운 요리를 손님들에게 대접했다는 데서 유래한다는 설이다. 또 다른 하나는 매춘부들이 손님을 끌기 위해 형형색색의 옷을 입었는데 이 화려한 색들이 이탈리아의 다양한 색의 식재료로 만든 소스를 연상케 한다는 데서 유래되었다는 설이 있다.

이태리 파슬리 Prezzemolo

소스나 여러 양념 재료로 이태리 요리에서 많이 사용되는 허브이다.

프로슈토 Prosciutto

프로슈토는 이탈리아 요리에 있어 최고의 식재료 중의 하나이다. 이탈리아 산 돼지의 뒷다리를 소금에 절인 다음, 일정하게 관리된 온도와 습도에서 적어도 12개월 정도 숙성을 해야 한다. 해외에서 만들어지는 다
른 제품들과 비교했을 때, 차이가 나는 이유는 바로 이탈리아 몇 지역에만 허락된 천혜의 기후 때문이다. 이는 이탈리아 프로슈토가 유일하고 모방할 수 없는 제품이 될 수 있도록 해주는 중요한 요소이다. 생 프로슈토 중에서 가장 진가를 인정받는 것이 파르마의 프로슈토와 산 다니엘레의 프로슈토인데 이들 모두 DOP(통제된 원산지 지명) 마크에 의해 보호된다. 이 이탈리아 지역들의 특별한 기후야말로 바로 프로슈토가 최고의 질적 수준을 유지하면서 부드럽고 풍부한 맛을 지닐 수 있도록 해주는 주요 요인이다. 생 프로슈토는 칼 혹은 기계를 이용하여 자를 수 있지만 기계를 이용하여 가능한 얇게 슬라이스 하는 것이 프로슈또 특유의 달콤함과 풍미를 더욱 음미할 수 있다.

쁘로볼로네 Provolone

DOP치즈로 남부 깜빠니아 Campania지역에서 시작하여 지중해 전 지역에 퍼졌다. 그러나 19세기부터는 주로 이태리 북부 지역에서 생산하고 있다. 실린더 모양과 표주박 모양이 있다. 우유를 이용해 만
들어 크게 두 가지 맛이 나는데, 단맛의
쁘로볼로네는 버터와 끓인 우유 맛이 나며 부드럽고, 식감은 고무처럼 다소 질긴 느낌이다. 매운맛의 쁘로볼로네는 강한 향과 매운 맛으로 질감은 부드럽지만 밀도가 조밀하다.

R

라구사노 치즈 Ragusano

이탈리아 시칠리아 섬 라구사 Ragusa지방에서 생산되는 치즈로 직육면체 모양이며 껍질이 얇고 매끈하며 조밀하다. 달고 섬세한 맛이

풍미를 돋우며 숙성 기간이 길수록 매운 맛이 강해진다. 무게는 10~16kg으로 다양하다. 우유로 생산한다.

레지넷떼 Reginette

나폴리에서 처음 만들어졌으며 사보이 왕가의 마팔다공주에게 바쳐진 파스타이다. '레지넷떼'는 이태리어로 '젊은 여왕'이란 뜻인데, 파스타의 모양이 공주의 고슬한 머릿결과 닮았다하여 이름 붙여졌다.

로비올라 치즈 Robiola

이태리 롬바르디아Lombardia주의 롭비오Robbio지역에서 이름을 따온 치즈로 아스띠Asti지역과 알렛산드리아Alessandria지역까지 이 치즈를 생산한다. 연질의 지방이 많은 신선한 치즈이다.

루 Roux

불어. 버터의 밀가루를 넣어 계속 저어가며 볶아 만든다. 흰색, 금색, 갈색으로 나뉘며 보통 이탈리아 가정에서는 여러가지를 미리 만들어두었다가 사용한다. 우리나라에서는 시판용 루도 있다.

루꼴라 Rucola

지중해 연안과 서아시아가 원산지인 향초로 특히 이태리에서 샐러드에 주로 이용된다.

루오띠네 Ruotine

'바퀴'라는 뜻의 이태리어 'ruota'에서 유래한 이름으로 작은 바퀴모양을 닮았다하여 이름 붙여진 파스타이다.

리가또니 Rigatoni

튜브 모양의 짧은 파스타로 겉면에 굵은 줄들이 세로로 그어져 있어 '줄 그어진' 이란 의미의 'rigato' 에서 그 이름이 유래되었다. 골이 패어있어 소스와 잘 버무려 진다.

리꼬따 Ricotta

리꼬따는 우유가 아닌 유청으로 만들어져 실제로 '치즈' 라 부르기는 어렵다. 우유와 레몬즙으로 가정에서 쉽게 만들 수 있다.

로즈마리 Rosmarino

이태리어로 '로즈마리노'라고 하며 미질향이라고도 하는 허브이다.

S

살라미 Salame

이태리어로 '살라메' 라고하며 육류와 지방을 다져 소금, 향료, 허브와 지역의 전통 재료들을 혼합하여 깨끗이 준비한 돼지 창에 넣고 숙성시킨 소시지를 일컫는다. 지역마다 전통 살라미가 있고 마늘, 고춧가루 등을 넣은 살라미들도 있을 만큼 그 종류가 다양하다.

세다니니 Sedanini

나폴리에서 이태리 북부까지 여러 지역에서 널리 사용되는 파스타로, 모양은 작은 마카로니와 같고 한 쪽 방향으로 살짝 휘어있다. 어원은 샐러리의 이태리어 'sedano' 에서 왔다.

세이지 Salvia

허브의 한 종류로 고기의 누린내를 제거하거나 카레 소스를 만드는 데 쓰인다.

셜롯 Scalogno

양파의 일종으로 섬세한 맛을 요구하는 요리들에 사용된다. 양파보다 크기가 작지만 모양은 비슷하다.

소테 Saltare

불어로는 sauter라 하며 팬을 불 위에 올려 앞 뒤로 흔들어 내용물을 팬 위에서 혼합하여 조리하는 것을 일컫는다.

설타나(건포도) Sultanina

설타나 포도는 건포도 생산을 위해 주로 사용되는 유럽 청포도 종의 하나이다. 씨가 없고 당이 풍부하다.

스트랏치 Stracci

넝마조각이란 뜻의 'straccio'란 단어에서 유래 되었으며 불규칙한 파스타의 모양에서 붙여진 이름이다.

스뜨롯짜쁘레띠 Strozzapreti

'스뜨롯짜쁘레띠 strozzapreti' 는 '스뜨롯짜레strozzare질식하다' 라는 뜻의 단어와 '쁘레떼prete성직자' 라는 뜻의 단어가 합쳐져 만들어졌다고 전해진다. 의미에 대해서는 두 가지의 설이 있는데 하나는 먹는 것을 좋아하는 어느 성직자가 맛있는 파스타를 아주 맛있게 먹다 질식했다는 이야기이고 또 다른 하나는 교회로부터 땅을 빌려 농사를 짓던 농부의 아내가 그 교회의 성직자에게 파스타를 만들어주는데, 농부들은 탐관오리인 성직자들에 화가 나 이 파스타를 먹으며 목이 막혀 질식하기를 원한다는 이야기 이다. 두 얘기 모두 로마냐 Romagna와 토스카나 Toscana지역에서 전해오는 이야기이다.

황새치 Swordfish

몸 빛깔이 갈색 빛을 띠어서 황새치로 부른다. 칼처럼 기다란 주둥이가 특징이다. 이탈리아에서는 낚시어로도 인기가 많다. 살이 희고 고소한 맛이 난다.

T

따란또 Taranto

이탈리아 남부 뿔리아Puglia주에 위치한 도시 이름이다.

따쟈스까 올리브 Taggiasca

'따쟈스까'는 리구리아 liguria주의 따지아 Taggia란 지명의 형용사형이다. 이 곳의 올리브는 진한 검정색으로 작지만 아주 강한 향과 맛을 낸다. 생선과 육류 요리 모두에 잘 어울린다.

딸렛죠 치즈 Taleggio

DOP원산지 보호 지정 치즈로 이태리 북부 롬바르디아Lombardia주 베르가모Bergamo에 위치한 계곡 이름에서 유래했다. 1.7~2.2kg 정도의 무게이며 평행 사변형 모양으로 길이18~20cm, 높이1~7cm 정도의 크기이다. 얇은 껍질은 부드러운 질

감과 자연스런 분홍빛을 띠며 회색빛과 초록색의 곰팡이가 있다. 단맛과 살짝 신맛이 나며 허브향과 송로버섯향이 나기도 한다.

딸리아뗄레 Tagliatelle

이태리 중·북부 에밀리아 로마냐 Emilia Romagna주의 볼로냐 Bologna지방의 전통 파스타지만 베네또Veneto주에서도 많이 먹는다. '자르다' 라는 동사 '딸리아레tagliare' 에서 유래했다.

딸리올리니 Tagliolini

폭 2~3mm의 파스타이다. 카펠리니-딸리올리니-딸리아뗄레 순으로 폭이 넓어진다. 길이는 스파게티와 비슷하다.

뜨레넷떼 Trenette

평평하며 좁고 긴 형태로 링귀네와 비슷한 리구리아Liguria 지방에서 많이 사용되는 파스타로 특히 페스토 소스와 잘 어울린다.

타임 Thyme

유럽 요리에는 없어서 안 될 허브의 한 일종이다. 살라미, 피클 등에 보존료로도 사용되며, 자극적인 향을 가지고 있다. 육류와 생선 어디에도 잘 어울린다.

V

벨루떼 소스 Vellutata

불어로는 '벨루떼veloute' 이태리어로는 '벨루따따 vellutata' 라고 하며 벨벳처럼 부드러워 이름 붙여졌다. 루를 육수, 물, 조리액 등에 풀어 만든다.

Z

지띠 Ziti

경질밀을 사용한 파스타로 긴 튜브 모양이며 겉이 매끈하다. 지름은 리가또니-지띠-메짜니 순으로 작아진다. 지중해 전통 요리에 많이 사용되며, 손으로 잘라 사용한다. 나폴리에서 지따는 지띠를 사용한 파스타로 신부라는 의미가 있어 결혼식 정찬에 사용된다.

식재료 구입처*

구루메 F&B 코리아 www.gourmetfb.co.kr

스타슈퍼 02)2191-1234
이마트 역삼점 02)6908-1234
농협 하나로클럽 양재점 02)3498-1105

한남 슈퍼마켓 02)793-5613
해든 하우스 02)2297-8618
신세계 강남점 1588-1234

사랑하는 나의 아내 지니, 아내는 잊을 수 없는 우리의 이탈리아 여행에서 든든한 파트너와 멋진 사진작가가 되어 나를 놀라게 했을 뿐 아니라 많은 고생을 하며 영어 레서피 부분을 맡아 작성해 주었다. 이런 아내의 무한한 사랑과 헌신적인 지원이 없었다면 이 책은 완성되지 못했을 것이다. 특별히 고마움을 말하고 싶은 내 친구 레나토 디 나폴리. 그가 묵묵히 내 곁에 있어 주며 도와주어 책을 만드는데 너무나 큰 힘이 되었다. 보나세라 레스토랑의 최진원 회장님, 한국에서 이런 좋은 경험을 할 수 있게 기회를 주었다. 또한, 보나세라의 주방과 홀에 있는 모든 직원들에게도 감사한다. 항상 날 믿어 주고 즐거운 마음으로 나의 작업들을 도와주었다. 도움을 준 나폴리의 파스티체리아인 뿐또 파스타, 빈첸쪼 스끼야따렐라, 주세페 아나트렐라, 빈첸쪼 피오렌띠노에게도 감사를 전한다. 마지막으로 이 책이 만들어지기까지 고생한 모든 사람들에게 감사하고 싶다.

Ringraziamenti

A mia moglie Genie, grande fotografa e perfetta compagna di viaggio durante il nostro giro per l'Italia, che con le sue foto ha saputo immortalare dei momenti per noi indimenticabili, inoltre artefice dell'enorme lavoro di traduzione del testo in inglese e che con grande pazienza mi e stata sempre vicino. Ringrazio il mio caro amico Renato Di Napoli per la sua continua e assidua presenza e disponibilita, a me preziosissime al fine della buona riuscita di questo libro. Un particolare pensiero a Jin Won Choi, che mi ha dato l'opportunita' di vivere in Corea. Infine un ringraziamento per la loro gentile collaborazione a : Pasticceria Punto Pasta, Napoli. Vincenzo Schiattarella, Giuseppe Anatrella, Vincenzo Fiorentino.

Aknowledgement

To my loving wife Genie, who is an amazing travel partner and photographer. She immortalized our trip to Italy. She is also responsible for the English text and translations. Without her love, support, and patience, I would never have been able to complete this book. I am particularly grateful to my dear friend Renato Di Napoli for his continuous presence and assiduous support, which were essential in successfully making this book. I would also like to thank Mr. Jin Won Choi who has given me the opportunity to experience life in Korea. Finally, I would also like to express my gratitude to the following for all their kind collaboration : Pasticceria Punto Pasta, Napoli. Vincenzo Schiattarella, Giuseppe Anatrella, Vincenzo Fiorentino.

파올로의 이탈리아 정통 레시피

파스타 에 바스타
PASTA E BASTA

저자	파올로 데 마리아
발행인	장상원
편집인	이명원

초판 1쇄 발행	2008년 5월 12일
3쇄	2010년 3월 25일
발행처	(주)비앤씨월드
	출판등록 1994. 1. 21. 제16-818호
	주소 서울특별시 강남구 청담동 40-29 제일빌딩 402호
	전화 (02)547-5233
	팩스 (02)549-5235

사진	강희갑
번역	Genie J. Choi
진행	김수진
디자인	유지연
인쇄	문덕인쇄

ISBN	978-89-88274-49-1 23590

http://www.bncworld.co.kr